Markus Paul Wolf

Minimierung des Druckverlusts durch Optimierung der CO-Entfernungsstufe für ein stationäres PEM-Brennstoffzellenheizgerät

Minimierung des Druckverlusts durch Optimierung der CO-Entfernungsstufe für ein stationäres PEM-Brennstoffzellenheizgerät

von
Markus Paul Wolf

KIT Scientific Publishing

Dissertation, Karlsruher Institut für Technologie
Fakultät für Chemieingenieurwesen und Verfahrenstechnik,
Tag der mündlichen Prüfung: 05.11.2010

Impressum

Karlsruher Institut für Technologie (KIT)
KIT Scientific Publishing
Straße am Forum 2
D-76131 Karlsruhe
www.ksp.kit.edu

KIT – Universität des Landes Baden-Württemberg und nationales
Forschungszentrum in der Helmholtz-Gemeinschaft

KIT Scientific Publishing 2011
Print on Demand

ISBN 978-3-86644-596-3

Minimierung des Druckverlusts durch Optimierung der CO-Entfernungsstufe für ein stationäres PEM-Brennstoffzellenheizgerät

zur Erlangung des akademischen Grades eines
DOKTORS DER INGENIEURWISSENSCHAFTEN (Dr.-Ing.)

der Fakultät für Chemieingenieurwesen und Verfahrenstechnik des
Karlsruher Instituts für Technologie (KIT)
genehmigte
DISSERTATION

von

Dipl.-Ing. Markus Paul Wolf
aus Bruchsal

Referent: Prof. Dr.-Ing. Rainer Reimert
Korreferent: Prof. Dr. rer. nat. Sven Kureti
Tag der Prüfung: 05.11.2010

Danksagung

Diese Arbeit entstand im Rahmen meiner Tätigkeit als wissenschaftlicher Angestellter am Lehrstuhl für Chemie und Technik von Gas, Erdöl und Kohle des Engler-Bunte-Instituts am Karlsruher Institut für Technologie (KIT) (vormals Universität Karlsruhe (TH)).

Meinem Doktorvater, Herrn Prof. Dr.-Ing. *Rainer Reimert*, danke ich sehr herzlich für die stete Unterstützung und Förderung meiner Arbeit sowie für die zahlreichen sowohl fachlichen als auch privaten Diskussionen. Vor allem möchte ich ihm für das entgegengebrachte Vertrauen und den großen Entscheidungsfreiraum danken. Herrn Prof. Dr. rer. nat. *Sven Kureti* danke ich für die freundliche Übernahme des Korreferats und für die wertvollen Anregungen zu meiner Arbeit.

Allen Mitarbeiterinnen und Mitarbeitern am Institut gilt mein Dank. Besonderer Dank für seine große Hilfsbereitschaft und sein Engagement gilt Herrn *Stephan Herbel*, der mir beim Entwurf und beim Bau der Laboranlage bei allen technischen Fragen zur Seite stand, den Herren *Frank Herter* und *Jörg Eckstein* für die anlagentechnische Unterstützung sowie Frau *Inga Schlien* und Frau *Sabine Hecht* für die Unterstützung bei allen organisatorischen und verwaltungstechnischen Fragen.

Herzlich bedanken möchte ich mich bei allen, die im Rahmen ihrer Studien- oder Diplomarbeit mich bei dieser Arbeit unterstützt haben. In der Reihenfolge ihres Erscheinens waren dies *María Viktoria Pérez Pablos*, *Andreas Gabriel*, *Xiana Romaní Fernández*, *Peter Naab* und *Xiao Wi Huang*. Hervorzuheben ist hierbei Herr *Gregor Worringer* der mich in der Endphase meiner Arbeit entscheidend weitergebracht hat. Bedanken möchte ich mich bei Herrn *Jörg Huder* für die Unterstützung bei den Simulationsrechnungen. Ohne die Unterstützung der genannten Personen wäre die vorliegende Arbeit so nicht möglich gewesen.

Meinen zum Teil langjährigen Wegbegleitern *Markus Brune*, *Dominic Buchholz*, *Frank Graf*, *Ullrich Hennings*, *Thilo Henrich*, *Wolfgang Köppel*, *Gelase Mbadinga Muanda*, *Ngoc Luan Nguyen*, *Martin Rohde*, *Hannes*

Storch, *Walter Sawady* und *Alba Mena Subiranas* sowie allen anderen Kollegen danke ich für die schöne Zeit, die ich mit Ihnen verbringen durfte.

Meinen Eltern und Großeltern möchte ich an dieser Stelle besonderen Dank aussprechen, da sie mit ihrer großzügigen Unterstützung den Weg meiner Ausbildung ebneten und somit den Grundstein für meine Promotion legten.

Bei meiner Frau *Andrijana* bedanke ich mich für das Verständnis, das sie mir nicht nur in arbeitsreichen Zeiten entgegenbrachte, sondern auch dafür, dass sie mir mit unseren beiden Söhnen *Paul* und *Max* das größte Geschenk gemacht hat.

Inhaltsverzeichnis

Symbolverzeichnis

Lateinische Symbole

Symbol	Bezeichnung	Definition	Einheit
A	Fläche	L^2	m²
$A_{geo.}$	geometrische Oberfläche	L^2	m²
c_i	Konzentration	$\frac{n_i}{V}$	mol/m³
c_p	Isobare spezifische Wärmekapazität	$\frac{1}{m}\left(\frac{\partial H}{dT}\right)_{p=konst}$	J/(kg K)
d	Durchmesser	L	m
d_h	hydraulischer Durchmesser	$\frac{4 \cdot A}{U}$	
d_p	Partikeldurchmesser	L	m
D	Diffusionskoeffizient	$\frac{{}^n\Phi_i}{A \cdot \frac{\partial c_i}{\partial x}}$	m²/s
D_{axial}	axialer Dispersionskoeffizient	$\frac{{}^n\Phi_i}{A \cdot \frac{\partial c_i}{\partial x}}$	m²/s
d_i	Innendurchmesser	L	m
E	Energie	diverse	J
E_a	Aktivierungsenergie	$RT^2\left(\frac{\partial \ln k}{\partial T}\right)_{V=kons}$	J/(mol K)
F	Kraft	$m \cdot \frac{\partial u}{\partial t}$	N
H	Enthalpie	$U + p \cdot V$	J
G	Freie Enthalpie	$H - T \cdot S$	J
$GHSV$	Gas Hourly Space Velocity	$\frac{{}^V\Phi_N}{V_{Reaktion}}$	1/h
K	Höhe	*Basisgröße*	m

K_{ax}	Konstante	-	-
K_i	Adsoptionskonstante	$\frac{\Theta_i}{1-\Theta_i}\frac{1}{p_i}$	1/Pa
$K_{i,0}$	Koeffizient der scheinbaren Adsorptionskonstanten	$\lim_{T\to\infty} K_i(T)$	1/Pa
k_i	Reaktionsgeschwindigkeitskonstante	$\frac{r_i}{f(p_i)}$	1/s
k_0	Häufigkeitsfaktor	$\lim_{T\to\infty} k_i(T)$	1/s
K_p	Gleichgewichtskonstante	$\prod_{i=1}^{n}\left(\frac{p_i}{p_{standard}}\right)^{\nu_i}$	-
L	Länge	*Basisgröße*	m
m	Masse	*Basisgröße*	kg
n	Stoffmenge	*Basisgröße*	mol
n	Reaktionsordnung	-	-
p	Druck	$\frac{F}{A}$	Pa
p_i	Partialdruck	$y_i \cdot p_{ges}$	N/m²
r_i	volumenbezogene Reaktionsgeschwindigkeit	$\frac{1}{V}\cdot\frac{\partial n_i}{\partial t}$	mol/(m³ s)
${}^{m}r_i$	Massenbezogene Reaktionsgeschwindigkeit	$\frac{1}{m}\cdot\frac{\partial n_i}{\partial t}$	mol/(kg s)
${}^{R}S_{j,i}$	Integrale Reaktorselektivität	$\frac{{}^{n}\Phi_{j,ein}-{}^{n}\Phi_{j,aus}}{{}^{n}\Phi_{i,ein}-{}^{n}\Phi_{i,aus}}$	-
t	Zeit	*Basisgröße*	s
T	Temperatur	*Basisgröße*	K
u	Geschwindigkeit in x-Richtung	$\frac{dL}{dt}$	m/s
U	Innere Energie	$\sum E_i$	J
U	Umfang	L	m

U	Umsatz, stationär	$\frac{n_0 - n}{n_0}$	-
v	Geschwindigkeit in y-Richtung	$\frac{dL}{dt}$	m/s
V	Volumen	L^3	m^3
w	Geschwindigkeit in z-Richtung	$\frac{dL}{dt}$	m/s
x	Raumkoordinate in x-Richtung	L	m
y	Raumkoordinate in y-Richtung	L	m
y_i	Stoffmengenanteil	$\frac{n_i}{n_{ges}}$	-
z	Raumkoordinate in z-Richtung	L	m

Griechische Symbole

Symbol	Bezeichnung	Definition	Einheit
α	Wärmeübergangskoeffizient	$\frac{{}^{E}\Phi_W}{A} \cdot \frac{1}{T_W - T_f}$	$W/(m^2\ K)$
ε	Porosität des Katalysators	$\frac{V_{Pore,Kat}}{V_{geometr.,Kat}}$	-
ε	Relative Rauigkeit	$\frac{K}{d_i}$	-
η	Dynamische Viskosität	$\frac{\tau}{\partial u / \partial y}$	kg/(m s)
λ	Wärmeleitfähigkeit	$\frac{-{}^{E}\Phi}{A} \cdot \frac{1}{\frac{dT}{dx}}$	W/(m K)
Λ	Effektive Wärmeleitfähigkeit	$\frac{-{}^{E}\Phi}{A} \cdot \frac{1}{\frac{dT}{dx}}$	W/(m K)
ρ	Dichte	$\frac{m}{V}$	kg/m^3

Θ	Oberflächenbedeckungsgrad	$\frac{n_{i,s}}{n_{i,\max}}$	-
τ	Verweilzeit	$\frac{V_R}{{}^V\Phi_{ges}}$	s
τ	Schubspannung	$\frac{F}{A}$	N/m^2
τ_{mod}	modifizierte Verweilzeit	$\frac{m_{Kat}}{{}^V\Phi}$	(kg s)/m³
ϑ	Temperatur	$T-273{,}15$	°C
${}^E\Phi$	Energietransportstrom	$\frac{dE}{dt}$	J/s
${}^n\Phi$	Stoffmengentransportstrom	$\frac{dn}{dt}$	mol/s
${}^V\Phi$	Volumentransportstrom	$\frac{dV}{dt}$	m³/s
ν	Diffusionsvolumen	Konstante	-
ν	Stöchiometrischer Koeffizient	-	-
Ψ	Leerraumanteil	$\frac{V_{leer}}{V_{ges}}$	-

Dimensionslose Kennzahlen

Symbol	Bezeichnung	Definition
Bo	Bodenstein-Zahl	$\frac{u \cdot L}{D_{axial}}$
Nu	Nusselt-Zahl	$\frac{\alpha \cdot L}{\lambda}$
Pe$_0$	Péclet-Zahl für Stofftransport	$\frac{u_0 \cdot d_P}{D_{i,j}}$
Pr	Prandtl-Zahl	$\frac{\eta \cdot c_p}{\lambda}$

Re	Reynolds-Zahl	$\frac{\rho \cdot u \cdot d}{\eta}$	
Wz	Weisz-Zahl	$L_c^2 \cdot \frac{n+1}{2} \cdot \frac{r_{eff}}{D_{eff} \cdot c_i}$	

Konstanten

Symbol	Bezeichnung	Definition	Einheit
R	Universelle Gaskonstante	8,31451	J/(mol K)
N_A	Avogadro Konstante	6,022 10^{23}	1/mol

Indices

Index	Bedeutung
AK	Aktivkomponente
aus	Austritt
axial	in axiale Richtung
eff	effektiv
ein	Eintritt
f	Fluid
ges	gesamt
i	innen
i	Spezies
j	Spezies
Kat	Katalysator
Kn	Knudsen
leer	Leerraum
m	massenbezogen
max	maximal
mod	modifiziert

obs	beobachtet
p	Partikel
radial	in radiale Richtung
s	sorbiert
W	Wand

Abkürzungen

Index	**Bedeutung**
ads	adsorbiert
ASUE	Arbeitsgemeinschaft für sparsamen und umweltfreundlichen Energieverbrauch e.V.
BZ	Brennstoffzelle
BZH	Brennstoffzellenheizgerät
CEM	Controlled Evaporater Mixer
CFD	Computational Fluid Dynamics
Co/Mo	Cobalt/Molybdän
DR	Dampfreformer
DVGW	Deutsche Vereinigung des Gas- und Wasserfachs e.V.
g	Gasphase
GuD	Gas-und-Dampf-Kombikraftwerk
GUS	Gemeinschaft Unabhängiger Staaten
ICP-OES	Inductively Coupled Plasma Optical Emission Spectrometry (optische Emissionsspektrometrie)
IEKP	Integriertes Energie- und Klimaprogramm
IGCC	Integrated Gasification Combined Cycle
HDS	Hydrierende Entschwefelung (Hydrodesulfurization)
HT	High Temperature
HTS	High Temperature Shift

KW	Kohlenwasserstoff
KWK	Kraft-Wärme-Kopplung
KWK-G	Kraft-Wärme-Kopplungs-Gesetz
LT	Low Temperature
LTS	Low Temperature Shift
Meth.	Methanisierung
MFC	Mass Flow Controller
PEM	Proton Exchange Membrane
PEMFC	Proton Exchange Membrane Fuel Cell
ppb	parts per billion
ppm	parts per million
R	Reaktor
RFA	Röntgenfluoreszenzanalyse
SelMeth.	Selektive CO-Methanisierung
SelOx.	Selektive CO-Oxidation
SOFC	Solid Oxide Fuel Cell
SR	Secondary Reformer
WGS	Watergas Shift
ZSW	Zentrum für Sonnenenergie- und Wasserstoff-Forschung

1 Einleitung

Die Bundesregierung hat sich das Ziel gesetzt, die Treibhausgasemissionen bis 2020 im Vergleich zu 1990 um 40 % zu senken. Um dies zu verwirklichen, beschloss die Regierung im Dezember 2007 die Eckpunkte eines „Integrierten Energie- und Klimaprogramms" (*IEKP*) [1]. Das *IEKP* verfolgt konsequent das Ziel, die Energieeffizienz zu erhöhen, den Beitrag erneuerbarer Energien an der Strom- und Wärmeversorgung zu steigern und insgesamt die CO_2-Emissionen zu verringern.

Die bei der Bereitstellung von elektrischer Energie aus fossilen Energieträgern spezifisch, pro erzeugte Kilowattstunde freigesetzte Menge an CO_2 hängt vom Wasserstoff/Kohlenstoff-Stoffmengenverhältnis des eingesetzten Energieträgers ab und von der zur Energiewandlung eingesetzten Technologie (Abbildung 1). Erdgas besitzt von allen fossilen Energieträgern das höchste Wasserstoff/Kohlenstoff-Stoffmengenverhältnis. Eine zunehmende Substitution von Kohle und Öl durch Erdgas würde daher das Erreichen der Klimaschutzziele der Bundesregierung erleichtern.

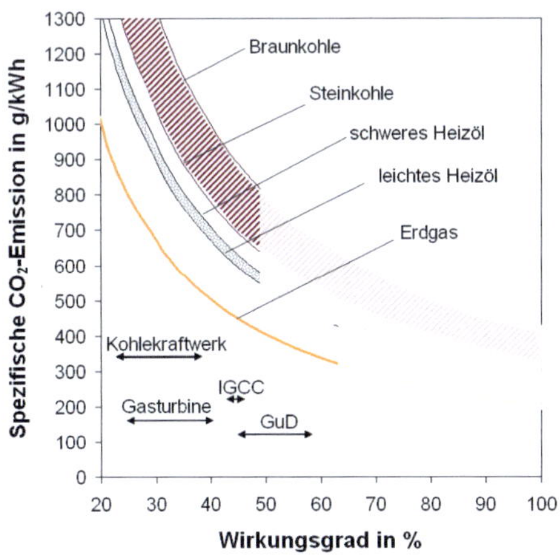

Abbildung 1: Spezifische CO_2-Emissionen verschiedener fossiler Energieträger in Abhängigkeit des Wirkungsgrades der eingesetzten Technik zur Energiewandlung. GuD = Gas-und-Dampf-Kombikraftwerk, IGCC = Integrated Gasification Combined Cycle. Nach [2], Daten aus [2][3][4]

Eine weitere Möglichkeit diese Ziele zu erreichen, besteht darin, den Energienutzungsgrad der Energiewandlungssysteme zu steigern. Mit dem Kraft-Wärme-Kopplungs-Gesetz (*KWK-G*) [5] verfolgt die Bundesregierung daher das Ziel, bis 2020 den Anteil der *KWK* an der Stromversorgung, gemessen am Endenergieverbrauch, auf 25 % zu erhöhen, was etwa einer Verdoppelung gegenüber dem heutigen Anteil gleichkommt. Mit großen, mit Erdgas betriebenen kombinierten Gas-und-Dampf-Kombikraftwerken (*GuD*) werden heute schon elektrische Wirkungsgrade von über 58 % erreicht. Durch *KWK* lässt sich der Gesamtnutzungsgrad nochmals steigern. Hierzu wird die bei der Energiewandlung im Kreisprozess abzugebende Energie mittels Fern- und Nahwärmenetzen zum Endverbraucher transportiert. Als Beispiel soll hier das 2001 in Betrieb gegangene Kraftwerk Mainz-Wiesbaden, das als *GuD*-Kraftwerk mit *KWK* einen elektrischen Wirkungsgrad von 58,4 % und einen Energienutzungsgrad von 70 bis 80 % in Abhängigkeit vom aktuellen Wärmebedarf erreicht, genannt werden [6]. Kleine dezentrale *KWK*-Einheiten, die in Zukunft als Alternative zu Heiz- und Brennwertkesseln in der Hausenergieversorgung verstärkt eingesetzt werden sollen, bieten den Vorteil, dass diese neben der im Haushalt benötigten thermischen Energie noch einen Teil der elektrischen Energie bereitstellen können. Wird die elektrische Energie nicht direkt im Haushalt benötigt, wird diese ins öffentliche Stromversorgungsnetz eingespeist. Von der Deutschen Vereinigung des Gas- und Wasserfachs e.V. (*DVGW*) und von der Arbeitsgemeinschaft für sparsamen und umweltfreundlichen Energieverbrauch e.V. (*ASUE*) wurde eine Studie bei Prognos AG in Auftrag gegeben [7]. In dieser werden unterschiedliche Technologien zur Wärmeerzeugung mit den derzeit zur Verfügung stehenden Energieträgern auf ihre Einsatzfähigkeit unter Berücksichtigung der neuen klimapolitischen Rahmenbedingungen für einige typische Anwendungsfälle untersucht und bewertet. Ein Ergebnis der Studie ist, dass bei den erdgasbasierten Technologien neben der Gasbrennwerttechnik in Kombination mit solarer Trinkwassererwärmung, Stirlingmotoren und Brennstoffzellenheizgeräte (*BZH*) das höchste Marktpotential besitzen. Für Ein- und Zweifamilienhäuser werden auf Grund ihrer hohen elektrischen Wirkungsgrade und ihrer Kompaktheit die beiden Brennstoffzellentypen *PEMFC* (Proton Exchange Membrane Fuel Cell) und *SOFC* (Solid Oxide Fuel Cell) präferiert; sie befinden sich allerdings noch in der Entwicklungsphase [8]. Seit September 2008 läuft mit Unterstützung des Bundesministeriums für Verkehr, Bau und Stadtentwicklung und der Industrie ein Praxistest von *BZH* unter dem Namen Callux [9]. Ziel des Projektes ist die Vorbereitung der Markteinführung von erdgasbetriebenen *BZH*. Es ist geplant bis 2012 800 *BZH* zu installieren. Die hierbei eingesetzten *BZH* erreichen Energienutzungsgrade von über 90 %. Das Verhältnis von erzeugter elektrischer zu thermischer Energie ist 1 zu 2 [9].

2 Ausgangspunkt und Ziel der Arbeit

Zur Erzeugung des wasserstoffreichen Brenngases für ein Brennstoffzellensystem zur dezentralen Hausenergieversorgung bietet sich Erdgas wegen seiner guten Verfügbarkeit über ein dichtes Ortsverteilungsnetz an. Dieses steht mit einem Netzdruck von 20 mbar über dem Umgebungsdruck [10] zur Verfügung. Das Erdgas muss für ein *PEM-BZH* in einer längeren Prozesskette, die mehrere hintereinander geschaltete Reaktoren, Wärmeübertrager, einen Mischer, einige Krümmer und Rohrbögen umfasst, in ein wasserstoffreiches Brenngas umgewandelt werden. Je nach Prozessführung, Reaktorbauweise und verwendeten Katalysatoren kann es notwendig sein, vor bzw. nach jeder Reaktoreinheit, die Prozesstemperatur mittels eines Wärmeübertrages einzustellen. Da die *PEM*-Brennstoffzelle etwa die Hälfte des zur Verfügung stehenden Druckes für ihren Betrieb benötigt [11], stehen für die Brenngasbereitstellung nur etwa 10 mbar Überdruck zur Verfügung. Eine Komprimierung des Gases vor oder innerhalb des Brennstoffzellensystems ist aufgrund des geringen Wirkungsgrads der Kompressoren im betrachteten Leistungsbereich energetisch ungünstig. Daher muss mit dem Druckverlust in den Apparaten sehr haushälterisch umgegangen werden. Der geringe Überdruck des Ortsnetzes stellt daher eine besondere Herausforderung für ein *PEM-BZH* dar.

Ein wesentlicher verfahrenstechnischer Schritt in der Brenngasaufbereitung ist die CO-Entfernung, die üblicherweise in eine Grob- und in eine Feinreinigung unterteilt werden kann und im ungünstigsten Fall drei Reaktoren und drei Wärmeübertrager umfasst.

Die Arbeit zielt auf die Minimierung des Druckverlusts eines stationären, mit Erdgas versorgten *PEM-BZH*. Durch die Reduzierung des Druckverlusts kann auf eine Kompression des Prozessgases verzichtet, dadurch der parasitäre Energieverbrauch verringert und somit der Gesamtwirkungsgrad gesteigert werden. Damit und durch die vereinfachte Technik wird die Wirtschaftlichkeit von *PEM-BZH* zur dezentralen Strom- und Wärmeerzeugung im kleinen Leistungsbereich erhöht und somit deren Marktfähigkeit verbessert. Das Ziel kann durch den Einsatz von metallischen Wabenreaktoren, sowie durch die Reduzierung der Anzahl der benötigten CO-Entfernungsstufen für das bei der Reformierung von Erdgas entstehende Reformatgas erreicht werden. Auf diese beiden Aspekte konzentrierten sich die Arbeiten.

3 Industrielle Wasserstoffherstellung

Die Umwandlung von Erdgas in ein wasserstoffreiches Brenngas für ein PEM-BZH leitet sich vom industriellen Prozess der Wasserstoffherstellung ab. Deshalb werden dieser sowie seine wirtschaftliche Bedeutung im Folgenden dargestellt.

3.1 Wirtschaftliche Bedeutung von Wasserstoff

2006 betrug die Wasserstoffproduktion weltweit $65 \cdot 10^6$ Tonnen, dies entspricht ca. $740 \cdot 10^9$ m³ pro Jahr [12]. Der Wasserstoff dient vor allem als Grundstoff für die chemische und die petrochemische Industrie. In den Prozessen dieser Industrien fällt zum Teil überschüssiger Wasserstoff an, der dann allerdings nur thermisch zur Bereitstellung von Prozessenergie verwertet wird. Neben der Wasserstoffgewinnung durch Elektrolyse, die von den Produktionsströmen her eher eine untergeordnete Rolle spielt, sind hauptsächlich die thermochemischen Verfahren der Dampfreformierung, der partiellen Oxidation oder der thermischen/katalytischen Spaltung zur Erzeugung von Wasserstoff aus fossilen Energieträgern etabliert. Das von der produzierten Menge her wichtigste Verfahren ist die katalytische Dampfreformierung von Erdgas und von leichten Kohlenwasserstoffen (*KWs*) (siehe Tabelle 1).

Tabelle 1: Weltweite Produktion von Wasserstoff (Stand 2006) [12]

Produktion in 10^9 m³/a	740
davon in % aus:	
Erdgas	48
Erdöl	30
Kohle	18
Elektrolyse	4

Regional unterscheidet sich die Wasserstoffverwendung (Abbildung 2). 2006 wurden zum Beispiel in Europa rund 40 % des erzeugten Wasserstoffs für die Ammoniak-Herstellung und rund 50 % in Raffinerien eingesetzt. Im Vergleich hierzu wurde in Japan Wasserstoff fast ausschließlich zur Herstellung von Ammoniak verwendet.

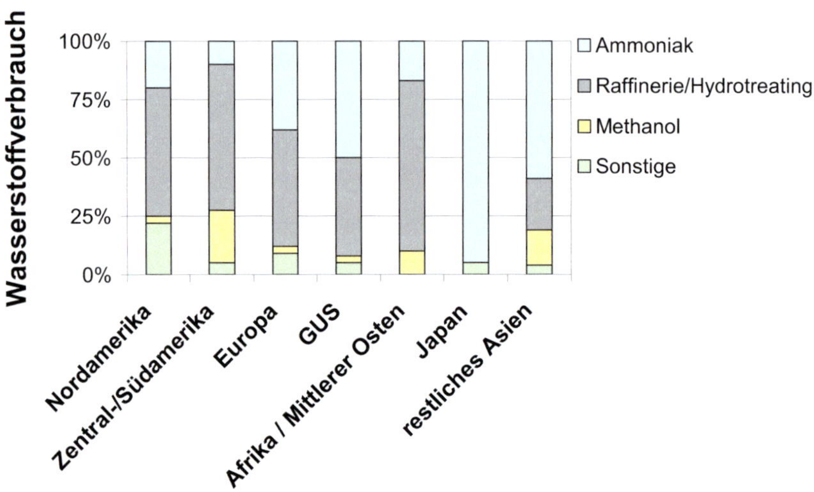

Abbildung 2: Verteilung des Wasserstoffverbrauchs in 2006 nach Einsatzgebieten und Regionen [13]

3.2 Wasserstoffherstellung für die Ammoniak-Synthese

Für die Ammoniak-Herstellung wird in Deutschland, neben dem Einsatz im Raffineriebereich, mengenmäßig am meisten Wasserstoff verwendet. Typische Anlagenkapazitäten liegen bei 2000 t Ammoniak pro Tag [14]. Dies entspricht einer Wasserstoffproduktion von 167.000 m³/h. In Abbildung 3 ist das Verfahren schematisch dargestellt. Vor dem Eintritt der leichten Kohlenwasserstoffe bzw. des Erdgases in den Dampfreformer (*DR*) werden diese mittels der hydrierenden Entschwefelung (*HDS*) gereinigt. Die *HDS* besteht aus einem Reaktor mit einem Cobalt/Molybdän-Kontakt (*Co/Mo*) und einem Absorber mit Zinkoxid (*ZnO*). Für die Ammoniak-Synthese wird ein Synthesegas mit einem Stoffmengenverhältnis Wasserstoff/Stickstoff von 3 benötigt. Hierzu wird in einem zweiten Reformer (*SR*) ein Gemisch aus Stickstoff und Luft dem Prozessgas zugegeben. Das nicht umgesetzte Methan aus dem ersten Reformer (*DR*) reagiert mit dem Luftsauerstoff. Das Gas tritt danach in eine zweistufige Wassergas Shift Konditionierung (*WGS*), die aus einer Hochtemperatur- (*HT*-) und einer Niedertemperatur (*LT*-) Shift-Stufe besteht. Das hierbei entstehende Kohlenstoffdioxid wird durch Auswaschen (CO_2-Wäsche) aus dem Prozessgas entfernt. Da Spuren von Sauerstoff im Synthesegas für die Ammoniak-Synthese, welche in Form von Kohlenstoffoxiden (CO und CO_2) und von Wasser noch im Prozessgas enthalten sind, zu einer Desaktivierung der dort eingesetzten Katalysatoren führen würden, wird erst das noch in Spuren enthaltene CO_2 und CO in einer Methansierungsstufe (*Meth.*) mit Wasserstoff aus dem Prozessgas zu Methan und Wasser umgesetzt und anschließend das Prozessgas noch getrocknet.

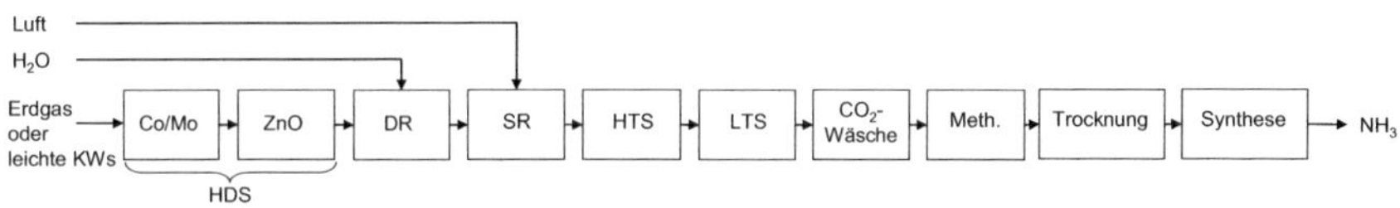

Abbildung 3: Wasserstoffherstellung für die Ammoniak-Synthese

Im Folgenden soll auf die verschiedenen Prozessstufen näher eingegangen werden.

3.2.1 Hydrierende Entschwefelung (*HDS*)

Bei der hydrierenden Entschwefelung (*HDS*) werden die organischen Schwefelverbindungen des fossilen Einsatzstoffs an einem Cobalt/Molybdän-Kontakt (*Co/Mo*) bei 300 bis 400 °C mit ca. 5 % H_2 im Prozessgas in Schwefelwasserstoff und Kohlenwasserstoffe umgewandelt.

$$RSH + H_2 \rightleftarrows H_2S + RH \qquad \text{(Gl. 1)}$$

Das H_2S wird anschließend durch Chemisorption an einem ZnO-Bett (ZnO) aus dem Prozessgas entfernt.

$$ZnO + H_2S \rightleftarrows H_2O + ZnS \qquad \text{(Gl. 2)}$$

Der Vorteil dieses Verfahren ist die hohe Reinheit des Produktgases. Der Anteil an H_2S kann auf unter 0,02 ppm reduziert werden [15]. Neben den Schwefelverbindungen können auch ungesättigte Kohlenwasserstoffe hydriert werden. Hierdurch sinkt der Olefinanteil im Reformereduktgas, wodurch die desaktivierende Rußbildung am Dampfreformierungskatalysator vermindert wird.

3.2.2 Katalytische Dampfreformierung (*DR*)

Bei der katalytischen Dampfreformierung reagieren die Kohlenwasserstoffe des fossilen Einsatzstoffs mit Wasserdampf in einer endothermen Reaktion unter Bildung von Wasserstoff und Kohlenstoffmonoxid:

$$C_nH_m + n\,H_2O \longrightarrow (n + m/2)\,H_2 + n\,CO \qquad \text{(Gl. 3)}$$

Parallel dazu findet die *WGS*-Reaktion statt (Gl. 4):

$$CO + H_2O \rightleftharpoons H_2 + CO_2 \qquad \Delta_R H^0 = -41\ \text{kJ/mol} \qquad \text{(Gl. 4)}$$

In Nebenreaktionen kann es zur Bildung von Kohlenstoff kommen, der sich auf dem Katalysator ablagern kann. Zu diesen Reaktionen gehören die Methanspaltung (Gl. 5) und das Boudouard-Gleichgewicht (Gl. 6):

$$CH_4 \rightleftharpoons 2\,H_2 + C \qquad \Delta_R H^0 = +75\ \text{kJ/mol} \qquad \text{(Gl. 5)}$$

$$2\,CO \rightleftharpoons CO_2 + C \qquad \Delta_R H^0 = -172\ \text{kJ/mol} \qquad \text{(Gl. 6)}$$

Die Dampfreformierung wird in Röhrenspaltreaktoren durchgeführt. Die Gaseintrittstemperatur liegt zwischen 450 und 950 °C [14]. Die Prozessbedingungen sind abhängig von der jeweiligen Anwendung (Tabelle 2).

Tabelle 2: Typische Prozessbedingungen für die Dampfreformierung [14]

Prozess	**Einsatzstoff**	**H_2O/C in mol/Atom**	**p in bar**	**ϑ_{aus} in °C**
Ammoniak-Synthese	Erdgas	2,8 bis 3,5	30 bis 45	750 bis 820
Methanol-Synthese	Erdgas	1,5 bis 2,0	30 bis 45	700 bis 750
Wasserstoff	Erdgas	1,7 bis 4,0	25 bis 40	850 bis 920

Um das im Prozessgas enthaltene CO mit Wasser in Wasserstoff und CO_2 zu konvertieren, schließt sich ein mehrstufiger Konditionierungsprozess an. Die so genannte Grobreinigung lässt sich in eine *HT*- und eine *LT*- Wassergas Shift Stufe aufteilen.

3.2.3 Grobreinigung – Wassergas Shift (*WGS*)

Die *WGS*-Reaktion wurde erstmals 1888 in der Literatur erwähnt [16]. Der Vorteil dieser Reaktion für das industrielle Verfahren der Wasserstoffherstellung ist, dass die frei werdende Reaktionsenthalpie zur Erzeugung eines Teils des im Dampfreformer benötigten Wasserdampfs verwendet werden kann. Ausführliche Übersichtsartikel über die *WGS*-Reaktion und deren Anwendungen finden sich in [15][17][18][19][20].

Die *WGS*-Reaktion ist eine reversible und leicht exotherme Reaktion. Aufgrund des äquimolaren Stoffumsatzes ist das thermodynamische Gleichgewicht der *WGS*-Reaktion praktisch druckunabhängig. Der Gleichgewichtskoeffizient K_p ist durch folgende Gleichung definiert:

$$K_p(T) = \frac{p_{H_2} \cdot p_{CO_2}}{p_{CO} \cdot p_{H_2O}} \qquad \text{(Gl. 7)}$$

Mit abnehmender Temperatur nimmt K_p zu, d.h., dass durch eine Verringerung der Reaktionstemperatur, thermodynamisches Gleichgewicht vorausgesetzt, die Wasserstoffausbeute steigt und der minimal erreichbare CO-Anteil im Produktgas abnimmt.

Die industriellen Reaktoren werden abhängig vom restlichen Anlagendesign bei einem Druckniveau zwischen 3 und 40 bar in neueren Anlagen sogar bei 60 bar betrieben [18]. In der industriellen Wasserstoffherstellung für die Ammoniak-Synthese wird die *WGS*-Reaktion als zweistufiges Verfahren ausgeführt. Beide Stufen werden adiabat betrieben. Die Gaseintrittstemperatur der ersten Stufe liegt zwischen 315 und 360 °C [18]. Durch die Exothermie der Reaktion steigt die Gastemperatur entlang des Reaktors. Am Reaktoraustritt liegt sie zwischen 400 und 500 °C. Die Katalysatoren in der *HTS*-Stufe basieren auf Eisen- und Chromoxiden als Aktivkomponenten [15][18]. Der im Reformat enthaltene CO-Anteil kann in der *HTS*-Stufe auf 3 bis 4 % reduziert werden

[15][18]. Vor der *LTS*-Stufe wird das Gas auf 200 bis 220 °C abgekühlt. Da die meisten kommerziellen Kupfer-Katalysatoren in Folge von Rekristallisationsprozessen schon ab 270 °C an Aktivität verlieren [18], sollte die Gasaustrittstemperatur der *LTS*-Stufe nicht über diesen Wert steigen. Es können CO-Endkonzentrationen von ca. 0,5 % erreicht werden. Die Temperaturführung des zweistufigen Grobreinigungs-Verfahrens ist in Abbildung 4 dargestellt.

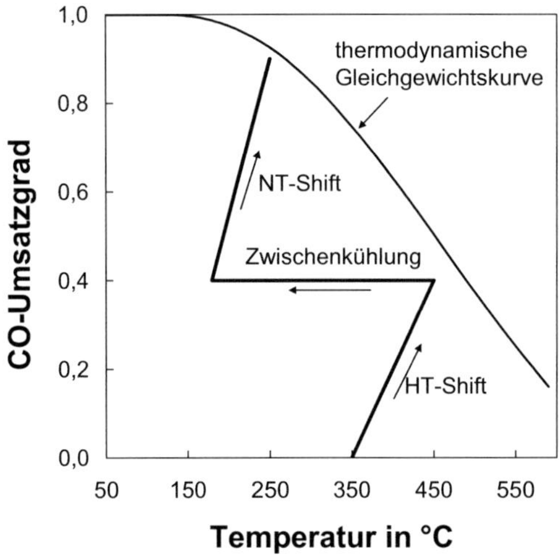

Abbildung 4: Temperaturführung im zweistufigen Grobreinigungs-Verfahren

3.2.3.1 Hochtemperatur-Shift (*HTS*)

Die Arbeitstemperaturen der Fe_3O_4/Cr_2O_3-Katalyatoren in der *HTS*-Stufe liegen zwischen 315 und 500 °C. Cr_2O_3 verhindert das Hochtemperatursintern des Fe_3O_4 und den damit einhergehenden Verlust an aktiver Oberfläche [21][22]. Neben Cr_2O_3 können MgO und ZnO als Additiv zugesetzt [17][22][23][24] sein. Hierdurch wird die Methanbildung unterdrückt und folglich die Selektivität der *WGS*-Reaktion erhöht.

Vor dem Einsatz der Katalysatoren müssen Fe_2O_3 zu Fe_3O_4 (Gl. 8 und 9) und das teilweise als CrO_3 vorliegende Chrom zu Cr_2O_3 (Gl. 10 und 11) reduziert werden. Aufgrund der unerwünschten katalytischen Aktivität von metallischem Eisen bzgl. der Methansierungsreaktionen (Gl. 33) und (Gl. 34) und bzgl. der Boudouard-Reaktion (Gl. 6), muss durch Kontrolle der Reaktionsbedingungen eine Überreduktion vermieden werden [15]. Dies wird zum einen durch das beim Einsatz von Reformat zur Reduktion vorliegende Verhältnis von H_2O/H_2 und von CO_2/CO erreicht, welches das Gleichgewicht zwischen der Fe_2O_3- und Fe_3O_4-Phase bestimmt (Gl. 8 und 9). Zum anderen darf die Temperatur während der Reduktion nicht über 565 °C ansteigen, da es ansonsten zur Bildung von FeO kommt, welches die Vorstufe von metallischem Eisen ist (Gl. 14 und 15).

$$3\,Fe_2O_3 + H_2 \rightleftharpoons 2\,Fe_3O_4 + H_2O \qquad \Delta_RH^0_{298\,K} = -16{,}3\ kJ/mol \qquad (Gl.\ 8)$$

$$3\,Fe_2O_3 + CO \rightleftharpoons 2\,Fe_3O_4 + CO_2 \qquad \Delta_RH^0_{298\,K} = +24{,}8\ kJ/mol \qquad (Gl.\ 9)$$

$$2\,CrO_3 + 3\,H_2 \rightleftharpoons Cr_2O_3 + 3\,H_2O \qquad \Delta_RH^0_{298\,K} = -684{,}7\ kJ/mol \qquad (Gl.\ 10)$$

$$2\,CrO_3 + 3\,CO \rightleftharpoons Cr_2O_3 + 3\,CO \qquad \Delta_RH^0_{298\,K} = -808{,}2\ kJ/mol \qquad (Gl.\ 11)$$

Durch die im Reformat vorliegenden Verhältnisse von H_2O/H_2 bzw. von CO_2/CO ist Fe_3O_4 bei normalen Betriebsbedingungen die einzige stabile Phase (Gl. 8, 9, 12 und 13) [15].

$$Fe_2O_3 + H_2 \rightleftharpoons 3\,FeO + H_2O \qquad \Delta_RH^0_{298\,K} = -63{,}8\ kJ/mol \qquad (Gl.\ 12)$$

$$Fe_2O_3 + CO \rightleftharpoons 3\,FeO + CO_2 \qquad \Delta_RH^0_{298\,K} = -22{,}6\ kJ/mol \qquad (Gl.\ 13)$$

$$FeO + H_2 \rightleftharpoons Fe + H_2O \qquad \Delta_RH^0_{298\,K} = -24{,}5\ kJ/mol \qquad (Gl.\ 14)$$

$$FeO + CO \rightleftharpoons Fe + CO_2 \qquad \Delta_RH^0_{298\,K} = +12{,}6\ kJ/mol \qquad (Gl.\ 15)$$

Die Katalysatoren zeigen eine geringe Vergiftungsneigung gegenüber Schwefel im Prozessgas. Hingegen führen Konzentrationen an Chlorverbindungen von größer 1 ppm zu einer irreversiblen Vergiftung. Phosphor- und Siliziumverbindungen können ebenfalls den Katalysator vergiften [25]. Die Standzeit beträgt durchschnittlich 3 Jahre [26]. Bei der großen Spanne der in der Praxis vorkommenden Betriebsdrücke überstreicht die auf den Normzustand des Gases bezogene *GHSV* (Gl. 41) einen zwischen 300 und 4000 h^{-1} liegenden Bereich [18].

Kinetik

Aufgrund der technischen Bedeutung der *WGS*-Reaktion an Eisen-Katalysatoren haben viele Arbeitsgruppen ausführlich deren Umsatzverhalten untersucht [17][21][27][28][29][30]. Die bis 1979 erschienenen Veröffentlichungen zu diesem Thema sind in [17] zusammengefasst. In der Vergangenheit wurden die in der Literatur beschriebenen Geschwindigkeitsansätze kontrovers diskutiert. Der Unterschied in den Ansätzen wird von den Autoren Bohlbro [27] und Ruthven [28] auf Unterschiede der zu Grunde gelegten Messdaten zurückgeführt. Diese wurden zum Teil unter stofftransportlimitierten Bedingungen bestimmt. Podolski und Kim [29] konnten zeigen, dass durch Potenzansätze die Messdaten genauer als durch Ansätze des Langmuir-Hinshelwood-Typs beschrieben werden können.

Bohlbro bestimmte die Kinetik der *WGS*-Reaktion unter diffusions- und nicht-diffusions-limitierten Bedingungen – bei Atmosphärendruck sowie bei höherem Druck. Er untersuchte zusätzlich den Einfluss von H_2S auf das Umsatzverhalten [30]. Das Umsatzverhalten beschreibt er mit dem Potenzansatz:

$$r = k\ (p_{CO})^l (p_{H_2O})^m (p_{CO_2})^n (p_{H_2})^q (1-\beta) \qquad \text{(Gl. 16)}$$

mit $\beta = \dfrac{p_{CO_2} p_{H_2}}{K_p p_{CO} p_{H_2O}}$

Mit dem β-Ausdruck wird die Abnahme der Reaktionsgeschwindigkeit bei Annäherung der Gaszusammensetzung an die thermodynamische Gleichgewichtszusammensetzung berücksichtigt. In Tabelle 3 sind Werte der Exponenten in (Gl. 16) für verschiedene Reaktionsbedingungen aufgelistet.

Tabelle 3: Werte der Exponenten der Reaktionsgleichung (Gl. 16) für verschiedene Reaktionsbedingungen [30]

Druck in bar	**H_2S in ppm**	**l**	**m**	**n**	**q**
1	0	0,9	0,25	-0,6	0
20	0	1,0	0,25	-0,6	0
20	75	0,75	0,5	-0,1	-0,15
20	2000	0,85	0,4	-0,1	0,1

Wie aus Tabelle 3 zu erkennen ist, sind die Exponenten nahezu vom Druck unabhängig. Da Schwefelwasserstoff bei der Formulierung des Potenzansatzes nicht berücksichtigt wurde, zeigen die Exponenten aber eine starke Abhängigkeit von der im Prozessgas enthaltenen Schwefelkonzentration. Die von verschiedenen Arbeitsgruppen veröffentlichten Aktivierungsenergien zeigen zum Teil den Einfluss des inneren Stofftransports. Die Aktivierungsenergien liegen zwischen 114,6 kJ/mol für Katalysatorgranulate [17], 105,9 kJ/mol für kleine [27] und 59,8 kJ/mol für große [30] Katalysatortabletten [18]. In [15] wird für die Aktivierungsenergie von Fe_3O_4/Cr_2O_3-Katalysatoren ohne Stofftransporteinfluss ein Wert von 121,8 kJ/mol angegeben.

3.2.3.2 Niedertemperatur-Shift (*LTS*)

Im Vergleich zu den *HTS*-Katalysatoren aus Fe_3O_4/Cr_2O_3 besitzen die *LTS*-Kupfer-Katalysatoren bereits zwischen 200 und 270 °C eine wirtschaftliche Aktivität. Sie zeichnen sich durch eine hohe Selektivität aus, d. h., die Methanisierungsreaktionen Gl. 33 und 34 werden nicht katalysiert. Die meist eingesetzten kommerziellen *LTS*-Katalysatoren bestehen aus Kupfer, Zinkoxid und Aluminiumoxid ($Cu/ZnO/Al_2O_3$). Anstelle von Al_2O_3 können auch La_2O_3 oder Ce_2O_3 oder Mischungen aus verschiedenen Trägermaterialien eingesetzt werden. SiO_2, MgO und Cr_2O_3 wurden ebenfalls als Trägermaterial eingesetzt. Diese Katalysatoren zeigten aber nur unzureichende thermische Stabilität [18].

In der *HDS* werden die schwefelhaltigen Verbindungen zu H_2S umgesetzt und der Schwefel anschließend an einem ZnO-Bett absorbiert und somit aus dem Prozessgas weitestgehend entfernt (siehe Kapitel 3.2.1). Es verbleiben ca. 0,02 ppm H_2S im Prozessgas, die schließlich den

Reformer erreichen. Aufgrund der hohen Temperatur im Reformer und der geringen Reaktionsneigung des H_2S mit dem in der *HTS*-Stufe eingesetzten Fe_3O_4/Cr_2O_3-Katalysators erreicht der Schwefel schließlich den $Cu/ZnO/Al_2O_3$-Katalysator in der *LTS*-Stufe, wodurch dieser langfristig desaktiviert [15][19].

$$2\,Cu + H_2S \rightleftharpoons Cu_2S + H_2 \qquad \text{(Gl. 17)}$$

Das Gleichgewicht für diese Reaktion (Gl. 17) liegt bei den in der *LTS*-Stufe typischerweise vorliegenden Bedingungen praktisch vollständig auf der Produktseite; die Gleichgewichtskonstante beträgt 10^5 [15]. Ist die H_2S-Konzentration im Eduktgas > 0,5 ppm [15], wird bei industriellen Anwendungen ein so genanntes „Guard Bed“, bestehend aus ZnO, vor die *LTS*-Stufe geschaltet [15][16][18]. Dabei reagiert der Schwefelwasserstoff nach (Gl. 18):

$$ZnO + H_2S \rightleftharpoons ZnS + H_2O \qquad \text{(Gl. 18)}$$

Die Gleichgewichtskonstante für diese Reaktion (Gl. 18) ist drei Größenordungen größer als die der Reaktion in (Gl. 17). Durch das Vorschalten eines ZnO-Betts kann somit der $Cu/ZnO/Al_2O_3$-Katalysator effizient vor einer Desaktivierung durch Schwefel geschützt werden. Ein weitaus stärkeres Katalysatorgift sind Chloride, die im Gas vorzugsweise als HCl vorliegen. Das HCl adsorbiert an der Oberfläche des Katalysators und blockiert die aktiven Zentren durch Bildung von CuCl. Die Cu(I)-Halogenide haben eine große Mobilität auf der Oberfläche, wodurch Sintervorgänge beschleunigt werden und es zur Abnahme der aktiven Oberfläche kommt. Dies wiederum führt zu einer Abnahme der Aktivität des $Cu/ZnO/Al_2O_3$-Katalysators. Eine vorgeschaltete ZnO-Schüttung kann eine solche Vergiftung des Katalysators nicht verhindern. Für eine wirtschaftliche Standzeit des Katalysators sollte daher die HCl-Konzentration im Prozessgas < 1 ppb sein [31][32]. Da kommerzielle $Cu/ZnO/Al_2O_3$-Katalysatoren vor ihrem Einsatz in der Regel in oxidischer Form vorliegen, müssen diese durch Reduktion aktiviert werden. Es sind auch vorreduzierte und stabilisierte *LTS*-Katalysatoren kommerziell erhältlich [18].

$$CuO + H_2 \rightleftharpoons Cu + H_2O \qquad \Delta_R H^0_{298\,K} = -86{,}7\ \text{kJ/mol} \qquad \text{(Gl. 19)}$$

Durch die bei der Reduktion freiwerdende Reaktionsenthalpie steigt die Temperatur im Katalysatorbett an. Um die Aktivität des Katalysators durch Sintervorgänge nicht zu verringern, sollte die Temperatur nicht über 270 °C steigen. Deshalb wird der für die Reduktion verwendete Wasserstoff mit einem Inertgas auf etwa 5 % verdünnt. Eine schonende Reduktion wird durch langsames Aufheizen beginnend bei Umgebungstemperatur erreicht. Als Inertgase werden Stickstoff oder Erdgas eingesetzt [15].

Um beim Herunterfahren des Prozesses eine Kondensation von Wasser aus dem Prozessgas zu vermeiden, wird der Reaktor mit trockenem Stickstoff gespült, bis das Katalysatorbett eine Temperatur von ca. 50 °C erreicht hat. Außerdem wird der Betriebsdruck abgesenkt. Hierdurch steigt die Beladungskapazität des Spülgases bzgl. Wasser, wodurch zusätzlich eine Unterschreitung des Wassertaupunkts und somit eine Kondensation vermieden wird.

Reduzierte $Cu/ZnO/Al_2O_3$-Katalysatoren sind pyrophor (Gl. 20). Im heißen Zustand (ϑ > 50 °C) sollte daher der direkte Kontakt des Katalysators mit Luftsauerstoff vermieden werden, da dies zu einer unkontrollierten Oxidation führen kann [15].

$$Cu + \frac{1}{2} O_2 \rightleftharpoons CuO \qquad \Delta_R H^0_{298\,K} = -157{,}2 \text{ kJ/mol} \qquad \text{(Gl. 20)}$$

In der Literatur wird von Temperaturanstiegen im Katalysatorbett von 800 bis 900 °C berichtet, wodurch der Katalysator irreversibel beschädigt wird [15]. Die Oxidationsgefahr ist vor allem beim Austausch der Katalysatorschüttung zu beachten.

Kinetik und Reaktionsmechanismus

Die vor 1979 veröffentlichten Untersuchungen zur Kinetik sind in [17] zusammengefasst und diskutiert. Das Umsatzverhalten der *LTS*-Reaktion kann mit denselben mathematischen Ansätzen, wie sie für Eisen/Chromoxid Verwendung finden, beschrieben werden.

Der Mechanismus der *WGS*-Reaktion, katalysiert an $Cu/ZnO/Al_2O_3$ und Cu/Al_2O_3, wurde ausführlich durch das Forschungslabor von Haldor-

Topsøe untersucht [33]. An die Daten aus den kinetischen Untersuchungen wurde ein ähnlicher Potenzansatz, wie er zur Beschreibung der Reaktionsgeschwindigkeit der *WGS* an Eisen-Katalysatoren Verwendung findet (Gl. 16), angepasst. Der Potenzansatz enthält zusätzlich einen Term $(p_{tot})^{\gamma}$, der den Einfluss des Gesamtdrucks berücksichtigt:

$$r = k\ (p_{CO})^{l}(p_{H_2O})^{m}(p_{CO_2})^{n}(p_{H_2})^{q}(p_{tot})^{\gamma}(1-\beta) \qquad \text{(Gl. 21)}$$

In Tabelle 4 sind die bei Haldor-Topsøe [33] bestimmten Exponenten der verschiedenen Komponenten und die Aktivierungsenergien für unterschiedliche Reaktionsbedingungen zusammengefasst. Die Parameter k_0, E_a, l, m, n und q wurden jeweils unter Vernachlässigung des Gesamtdrucks, d. h. für $\gamma = 0$ bestimmt. Die Reaktionsordnung für CO wurde auf 1 festgesetzt. Die bei 5 und bei 20 bar ermittelten Aktivierungsenergien sowie die Exponenten sind ähnlich. Für $\gamma = -0{,}4$ kann mit dem bei 5 bar bestimmten Paramertersatz auch das Umsatzverhalten bei 20 bar beschrieben werden [33].

Tabelle 4: Werte der Exponenten der Reaktionsgleichung (Gl. 21) für verschiedene Reaktionsbedingungen [33]

	Druck in bar	**E_a in kJ/mol**	**l**	**m**	**n**	**q**
$Cu/ZnO/Al_2O_3$	5	86,5	1	1,4	-0,7	-0,9
$Cu/ZnO/Al_2O_3$	20	78,2	1	1,5	-0,7	-0,7
Cu/Al_2O_3	20	59,3	1	1,9	-1,4	-0,9

Bei Haldor-Topsøe [33] wurde ein mikrokinetisches Modell basierend auf veröffentlichten Daten aus Untersuchungen an Kupfer-Einkristallen entwickelt [33][34]. Das Endprodukt der Reaktionsfolge ist Methanol.

$H_2O(g) + *$	$\rightleftarrows$	$H_2O(ads)$	(Gl. 22)
$H_2O(ads) + *$	$\rightleftarrows$	$OH(ads) + H(ads)$	(Gl. 23)
$2\ OH(ads)$	$\rightleftarrows$	$H_2O(ads) + O(ads)$	(Gl. 24)
$OH(ads) + *$	$\rightleftarrows$	$O(ads) + H(ads)$	(Gl. 25)
$2\ H(ads)$	$\rightleftarrows$	$H_2(g) + 2*$	(Gl. 26)
$CO(g) + *$	$\rightleftarrows$	$CO(ads)$	(Gl. 27)
$CO(ads) + O(ads)$	$\rightleftarrows$	$CO_2(ads) + *$	(Gl. 28)
$CO_2(ads)$	$\rightleftarrows$	$CO_2(g) + *$	(Gl. 29)
$CO_2(ads) + H(ads)$	$\rightleftarrows$	$HCOO(ads) + *$	(Gl. 30)
$HCOO(ads) + H(ads)$	$\rightleftarrows$	$H_2COO(ads) + *$	(Gl. 31)
$H_2COO(ads) + 4\ H(ads)$	$\rightleftarrows$	$CH_3OH\ (g) + H_2O(g) + 5*$	(Gl. 32)

* freier Adsorptionsplatz, *g* in der Gasphase, *ads* an der Oberfläche adsorbiert

Die Reaktion läuft über einen Oberflächen-Reduktion-/Oxidations-Mechanismus ab. Das Wasser dissoziiert zu O(ads) und H_2(ads). Das adsorbierte Sauerstoffatom O(ads) reagiert über CO(ads) schließlich zu CO_2(g) ab. Die Gleichungen Gl. 30 bis 32 beschreiben die Formiat-Synthese und die Hydrierungs-Schritte der Methanolsynthese. Diese können unter den Drücken (bis 60 bar) der industriellen Wasserstoffherstellung merkbar als Nebenreaktion ablaufen.

Abhängig von der vorgeschalteten *HTS*-Stufe beträgt die CO-Eintrittskonzentration der *LTS*-Stufe bei industriellen Verfahren 1 bis 5 %. Der Reaktor wird adiabat betrieben. Das mit Hilfe von Wärmeübertragern oder durch direkte Kühlung mit eingedüstem Wasser auf 200 bis 220 °C abgekühlte Gas tritt mit einem Druck von 3 bis 60 bar in die *LTS*-Stufe ein. Bei der großen Spanne der in der Praxis vorkommenden Betriebsdrücke überstreicht die auf den Normzustand des Gases bezogene *GHSV* (Gl. 41) einen zwischen 300 und 4000 h^{-1} liegenden Bereich [18]. In Bezug auf das trockene Produktgas können CO-Konzentrationen von 0,05 bis 0,5 Vol.-% erreicht werden, was einem Umsatzgrad von 95 bis 99 % entspricht [18]. Die Standzeit der *LTS*-Katalysatoren ist abhängig von den Betriebsbedingungen und den Verunreinigungen, die im Prozessgas enthalten sind. Der Katalysator muss bei der industriellen Anwendung alle 2 bis 4 Jahre erneuert werden [18].

3.2.4 CO_2-Wäsche

Da CO_2 ein Katalysatorgift für die Katalysatoren der Ammoniak-Synthese ist, muss dieses aus dem Prozessgas entfernt werden. Hierzu können die in Tabelle 5 gelisteten Verfahren eingesetzt werden. Durch das Mitreißen von Waschmittel kann es zur Beeinträchtigung der nachgeschalteten Methanisierung kommen (Tabelle 5).

Tabelle 5: Übersicht über industriell verwendete CO_2-Entfernungsverfahren. Beeinträchtigung des Methanisierung-Katalysators durch mitgerissenes Waschmittel [35]

Prozess	Waschmittel	Beeinträchtigung der Methanisierung
Benfield	Wässrige K_2CO_3-Lösung	Blockade von Katalysatorporen durch verdampfende K_2CO_3-Lösung
Vetrocoke	Wässrige K_2CO_3- und As_2O_3-Lösung	Blockade von Katalysatorporen durch verdampfende K_2CO_3-Lösung. 0,5% Arsen auf dem Katalysator vermindert die Aktivität um mehr als 50%
Sulphinol	Sulpholane, Wasser, Dipropanolamin	Sulpholane werden gespalten; es kommt zur Vergiftung durch Schwefel.
MEA, DEA	Wässrige Lösung von Mono- oder Diethanolamin	Keine
Rectisol	Methanol	Keine
Catacarb	Wässrige K_2CO_3-Lösung mit Boraten	Blockade von Katalysatorporen durch verdampfende K_2CO_3-Lösung
Selexol	Dimethylether von Polyethylenglycol	Keine

3.2.5 Methanisierung *(Meth.)*

Geringe Mengen an Sauerstoff, welche in Form von Wasser und Kohlenstoffoxiden (CO und CO_2) in das Synthesegas für die Ammoniak-Synthese gelangen können, führen zur Desaktivierung der hierbei zum Einsatz kommenden Katalysatoren. Daher ist es notwendig, die nach der CO_2-Wäsche im Prozessgas verbliebenen Kohlenstoffoxide bis auf sehr niedrige Konzentrationen aus dem Prozessgas zu entfernen. Die Kohlenstoffoxide reagieren mit dem im Prozessgas enthaltenen Wasserstoff in den Methansierungsreaktionen Gl. 33 und 34.

$$CO + 3\,H_2 \rightleftarrows CH_4 + H_2O \qquad \Delta H^0_{298} = -206{,}2\ \text{kJ/mol} \qquad \text{(Gl. 33)}$$

$$CO_2 + 4\,H_2 \rightleftarrows CH_4 + 2\,H_2O \qquad \Delta H^0_{298} = -165{,}0\ \text{kJ/mol} \qquad \text{(Gl. 34)}$$

Die Aktivkomponente der technischen Methanisierungs-Katalysatoren ist Nickel. Als Trägermaterialien kommen Al_2O_3, SiO_2, CaO, MgO und $CaAl_2O_4$ zum Einsatz [36]. Der Kohlenstoffoxid-Anteil im Produktgas liegt im industriellen Prozess nach der Methanisierung im tockenen Prozessgas unter 5 ppm [35]. An die Methanisierungsstufe schließt sich eine Trocknung des Prozessgases an.

4 Anforderungen an die Brenngas-konditionierung für ein *PEM-BZH*

Das Verfahren zur Erzeugung eines wasserstoffreichen Brenngases lässt sich vom industriellen Prozess der Wasserstoffherstellung für die Ammoniak-Synthese ableiten. Ein wesentlicher Unterschied dieser beiden Prozesse liegt in der bereitzustellenden Menge an Wasserstoff. Bei der in dieser Arbeit betrachteten *PEM-BZH* Anwendung mit einer elektrischen Leistung von 1 bis 2 kW liegt diese fünf Größenordnungen unter der der industriellen Ammoniak-Synthese.

Erdgas steht in Deutschland den Haushalten über eine dichte Infrastruktur zur Verfügung. Daher wird nur Erdgas als fossiler Energieträger für das *BZH* berücksichtigt. Das Erdgas kann aus dem Ortsverteilungsnetz mit einem Überdruck gegenüber Atmosphärendruck von 20 mbar entnommen werden. Entweder muss mit dem zur Verfügung stehenden Überdruck sehr haushälterisch umgegangen werden, oder das Gas muss vor oder innerhalb des Brennstoffzellensystems auf einen höheren Druck komprimiert werden. Aufgrund der geringen Wirkungsgrade der Kompressoren im betrachteten Leistungsbereich ist dies energetisch ungünstig und sollte daher vermieden werden. Im Vergleich hierzu ist der Druckverlust bei der industriellen Herstellung von Wasserstoff aufgrund des höheren Druckniveaus (bis 60 bar) von untergeordneter Bedeutung.

Um eine Vergiftung der in den verschiedenen Prozessstufen eingesetzten Katalysatoren durch die im Einsatzstoff enthaltenen Schwefelverbindungen zu vermeiden, wird im industriellen Prozess eine hydrierende Entschwefelung vorgeschaltet. Diese macht es erforderlich, dass ein Teil des wasserstoffhaltigen Prozessgases für die Hydrierung zurückgeführt wird. Daher nimmt die Komplexität des Verfahrens zu. Um die Anlagen-Komplexität der betrachteten *BZH* Anwendung zu reduzieren, wird vor dem eigentlichen Prozess eine adsorptive Entschwefelung bevorzugt. Hierfür können als Adsorbentien dotierte Aktivkohlen oder Molekularsiebe eingesetzt werden. Es zeigt sich jedoch, dass es durch Adsorption der im Erdgas in Spuren enthaltenen höheren Kohlenwasserstoffe, die bis zu den C20-Komponenten nachgewiesen werden können [37], zu einer Abnahme der Beladungskapazität um bis zu 50 % kommt, wodurch größere Adsorbervolumen resultieren [38]. Die unerwünschte Adsorption von höheren Kohlenwasserstoffen führt zudem zu einer Abnahme des Brennwertes des Einsatzgases.

Bei der industriellen Wasserstoff-Herstellung wird in einem zweiten Reformer der für die Ammoniak-Synthese erforderliche Stickstoff in das Prozessgas eingebracht. Dies ist bei der *BZH* Anwendung aufgrund der Verdünnung des Brenngases unerwünscht. Daher entfällt diese Prozessstufe. Da der Dampfreformer und die *HTS* auf unterschiedlichen Temperaturniveaus arbeiten, ist ein Wärmübertager zur Prozessgaskühlung zwischengeschaltet.

Aufgrund der Exothermie der *WGS*-Reaktion und der Abhängigkeit des erreichbaren Umsatzgrades vom thermodynamischen Gleichgewicht ist bei Verwendung von adiabaten Reaktoren ein weiterer Wärmeübertager zwischen der *HTS* und der *LTS* erforderlich.

CO_2 im Prozessgas stellt für die in der *PEM*-Brennstoffzelle eingesetzten Katalysatoren im Gegensatz zu den Katalysatoren der Ammoniak-Synthese kein Katalysatorgift dar, deshalb entfällt die CO_2-Wäsche. Allerdings ist CO ein starkes Gift für die Katalysatoren der Anode der *PEM*-Brennstoffzelle. Der CO-Gehalt muss daher auf 10 bis 100 ppm im trockenen Prozessgas reduziert werden [39][40]. Dies kann entweder durch Einsatz der selektiven CO-Oxidation (*SelOx.*) oder der selektiven CO-Methanisierung (*SelMeth.*) erreicht werden. Bei der *SelMeth.* reagiert der Wasserstoff aus dem Prozessgas mit dem CO zu Methan. Im Gegensatz hierzu muss bei der *SelOx.*, um hohe Selektivitäten bzgl. der CO-Oxidation zu erzielen, Sauerstoff definiert zugegeben werden [41]. Es ergeben sich die beiden in Abbildung 5 schematisch dargestellten Verfahrensvarianten.

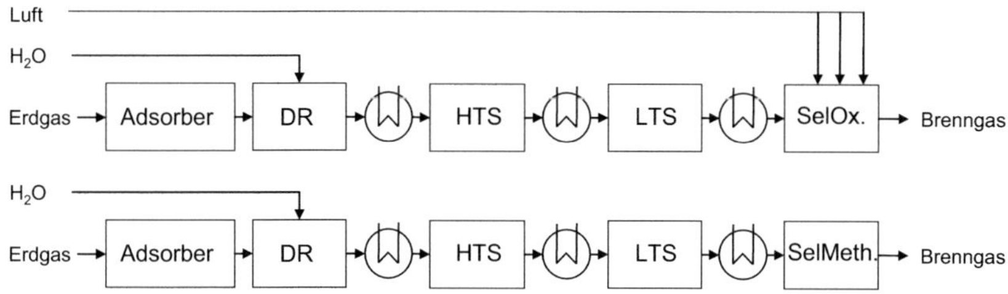

Abbildung 5: Prozess der Brenngasbereitstellung für ein *PEM-BZH* bei Verwendung der *SelMeth.* bzw. der *SelOx.*

Aufgrund der verfahrenstechnischen Einfachheit wurde in dieser Arbeit für die Feinreinigung die *SelMeth.* weiter betrachtet.

5 Lösungsansätze

Um auf eine Kompression des Gases vor oder innerhalb des Prozesses der Brenngasbereitstellung verzichten zu können, ist es notwendig den Druckverlust zu minimieren. Hierzu wurden in dieser Arbeit folgende Lösungsansätze verfolgt und am Beispiel der CO-Entfernung bestehend aus Grob- und Feinreinigung diskutiert:

a. Reduzierung der Reaktorvolumina

  - *Einsatz hoch aktiver Katalysatoren*
  - *Optimierung der Temperaturführung*

b. Einsatz von strukturierten Katalysatorträgern anstelle von Katalysatorschüttungen

  - *Bei gleichem Umsatzgrad geringerer Druckverlust*
  - *Einfachere Handhabung beim Austausch durch Servicetechniker*

c. Reduzierung der Prozessstufenzahl

  - *Einsatz von Apparaten, die mehrere Funktionen kombinieren, z.B. Kombination: Wärmeübertrager / Reaktor*
  - *Harmonisierung des Temperaturniveaus im Prozess durch geschickte Wahl der Katalysatorsysteme; dadurch Verzicht auf Wärmeübertrager zwischen zwei Reaktoren*
  - *Nebeneffekt: Verringerte Anzahl an Rohrleitungen und Krümmern*

5.1 Brennstoff Erdgas

Der Gesamtschwefelgehalt des Erdgases setzt sich aus dem im Erdgas natürlich enthaltenen Schwefel und dem des zugegebenen Odoriermittels zusammen. Der maxmimale Schwefelgehalt von nicht odoriertem Erdgas, welches über das Ferngasnetz transportiert wird, ist durch das DVGW Regelwerk G 260 [10] auf 30 mg S/m³ begrenzt, dies entspricht ca. 20 ppm. Der Schwefelgehalt von nicht odoriertem Erdgas aus Russland und Holland liegt normalerweise unter < 1 mg S/m³ (< 0,7 ppm), aus Norwegen unter < 5 mg S/m³ (< 3,3 ppm). Bei Gas aus deutschen Quellen kann teilweise der genannte Grenzwert erreicht werden [42]. Aufgrund des meist sehr niedrigen natürlichen Schwefelgehalts kann das Erdgas bei Leckagen nicht über den Geruch wahrgenommen werden. Daher wird dem Erdgas, welches über das Ortsnetz an den Endverbraucher geliefert wird, ein Warngeruch durch Zugabe eines so genannten Odoriermittels verliehen. Die in Deutschland verwendeten Odoriermittel bestehen meist aus schwefelhaltigen organischen Verbindungen. In Tabelle 6 sind die Zusammensetzungen der fünf in Deutschland am Markt befindlichen Odoriermittel und die in der Praxis verwendeten Odorier-Raten angeführt. Im Fall der *THT* Odorierung liegt der Gesamtschwefelgehalt zwischen 7,5 und 15 mg S/m³, und er liegt zwischen 2,5 und 10,5 mg S/m³ im Falle der Mercaptan-Odorierung [38]. D. h., es sind Schwefelkonzentrationen zwischen 1,5 und 10 ppm zu erwarten. Alternativ zu den schwefelhaltigen Odoriermitteln gibt es schwefelfreie, wie das Odoriermittel GasOdor™S-Free™, welches inzwischen einen Marktanteil von über 20 % in Deutschland hat [43]. Es besteht aus Acrylaten, also schwefelfreien organischen Verbindungen.

Tabelle 6: Zusammensetzung der in Deutschland eingesetzten Odoriermittel mit den typischen Odorier-Raten [38][42][44][45]

Produktbezeichnung	**Spotleak Z**	**Sentinel E (Spotleak 1009)**	**Sentinel TB (Spotleak 1005)**	**GasOdor™S-Free™**	**Tetrahydrothiophen**
Odorier-Rate in mg/m³	8	5 bis 7	5 bis 7	10	15 bis 20
Schwefel in mg/m³	0,4	1,8 bis 2,6	1,8 bis 2,6	0	5,5 bis 7,3
Zusammensetzung in %					
Tetrahydrothiophen (THT)	15	---	70	---	100
tert-Buthyl-Mercaptan (TBM)	---	75,5	30	---	---
iso-Propyl-Mercaptan (IPM)	---	16	---	---	---
n-Propyl-Mercaptan (NPM)	---	8,5	---	---	---
Methylacrylat	---	---	---	37,4	---
Ethylacrylat	85	---	---	60	---

Für die Dampfreformierung werden Nickel-Katalysatoren verwendet. Um eine Desaktivierung des Katalysators durch Schwefel zu vermeiden, sollte der Gesamtschwefelgehalt des Einsatzgases < 1 ppm sein [46]. Es gibt Bemühungen die Schwefeltoleranz der Refomormierungskatalysatoren zu erhöhen [38][47][48], wodurch sich die vertretbare Schwefelkonzentration zu einem höheren Wert verschieben würde. Aufgrund des meist niedrigen natürlichen Schwefelgehaltes von Erdgas ist beim Einsatz einer schwefelfreien Odorierung eine Entschwefelung des Erdgases vor dem Dampfreformer in den meisten Fällen nicht zwingend erforderlich. Weil die in der *LTS*-Stufe verwendeten Kupfer-Katalysatoren nur Schwefelgehalte im Bereich von 0,1 [18] bis 0,5 ppm [15] tolerieren, ist eine Entschwefelung des Erdgases aber trotzdem notwendig. Es ergibt sich prinzipiell die Möglichkeit, die Entschwefelung hinter den Dampfreformer zu platzieren. Durch den Einsatz eines ZnO-Betts kann der Schwefel effektiv durch Absorption der im Reformer zu H_2S hydrierten organischen Schwefelverbindungen aus dem Prozessgas entfernt werden. Somit ergibt sich folgendes Verfahren:

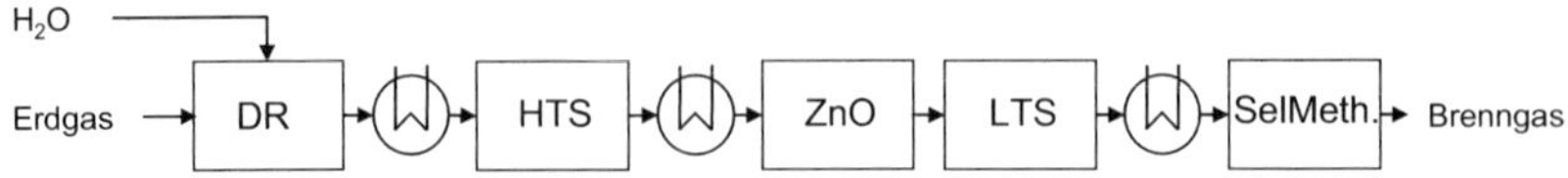

Abbildung 6: Verfahren zur Bereitstellung eines wasserstoffreichen Brenngases für eine *PEM-BZH* im Fall schwefelfreier Odorierung

Der Vorteil dieser Verfahrensvariante ist, dass sich im Vergleich zur vorgeschalteten adsorptiven Entschwefelung auf Grund der höheren Beladungskapazität von ZnO das benötigte Adsorbervolumen um eine Größenordnung verringert [38]. Zudem wird die unerwünschte Co-Adsorption von höheren Kohlenwasserstoffen und die hierdurch einhergehende Reduzierung des Brennwertes des Erdgases vermieden. Mit dem Verfahren kann sichergestellt werden, dass die von der *PEM*-Brennstoffzelle tolerierte Schwefelkonzentration von < 0,2 ppm eingehalten wird [49][50].

5.2 Katalysatorauswahl

Ein idealisierter Prozess zur Brenngasbereitstellung könnte wie in Abbildung 7 dargestellt aussehen. Nach einer hydrierenden Entschwefelung (*HDS*) wird das Erdgas mit Dampf zu einem Rohbrenngas reformiert (*DR*), und nachfolgend wird durch eine CO-Konvertierung der CO-Gehalt im Brenngas abgesenkt (*WGS*). Die obere Arbeitstemperatur des *WGS*-Reaktors liegt in der Größenordnung der Reformeraustrittstemperatur. Hierdurch ergibt sich die Möglichkeit, ohne zwischengeschalteten Wärmeübertrager, nur durch sukzessive Absenkung der Prozesstemperatur entlang des Reaktors die gewünschte Brenngasqualität zu erreichen. Dabei können einerseits die hohen Temperaturen am Reaktoreingang für große Reaktionsgeschwindigkeiten genutzt, und andererseits kann durch Absenken der Temperatur über die Reaktorlänge ein höherer Umsatzgrad der thermodynamisch limitierten exothermen Reaktion erzielt werden. Um die für *PEM*-Brennstoffzellen geforderte CO-Grenzkonzentration von kleiner 100 ppm unterschreiten zu können, wäre ein selektiver *WGS*-Katalysator, der mindestens bis zu Temperaturen von 80 °C noch akzeptable Reaktionsgeschwindigkeiten besitzt, erforderlich. Dann könnte auf eine Feinreinigungsstufe verzichtet werden.

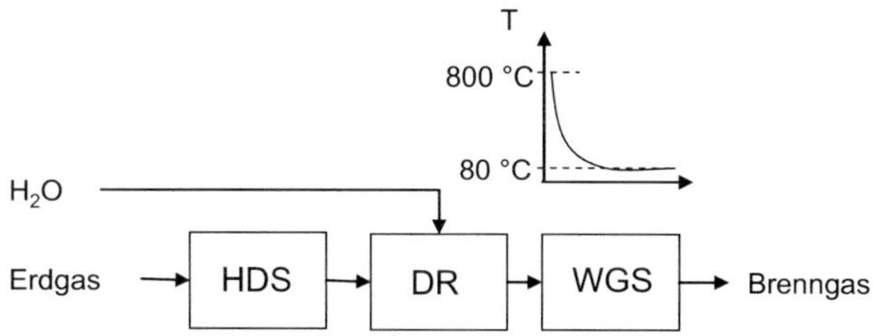

Abbildung 7: Ideale Temperaturführung bei der CO-Entfernungseinheit

Die kommerziell verfügbaren *WGS*-Katalysatoren sind jedoch nur in einem relativ schmalen Temperaturfenster einsetzbar (Abbildung 8). Die jeweils maximale Arbeitstemperatur der Katalysatoren wird durch eine wirtschaftliche Standzeit begrenzt. Je höher die Temperatur, desto schneller nimmt die Aktivität durch thermisches Sintern und durch Umkristallisationsvorgänge ab. Die untere Grenze der Arbeitstemperatur wird durch eine ausreichend hohe Aktivität, die entscheidend für die benötigte Katalysatormasse ist und somit direkt den Investitionsaufwand sowie das Bauvolumen beeinflusst, limitiert.

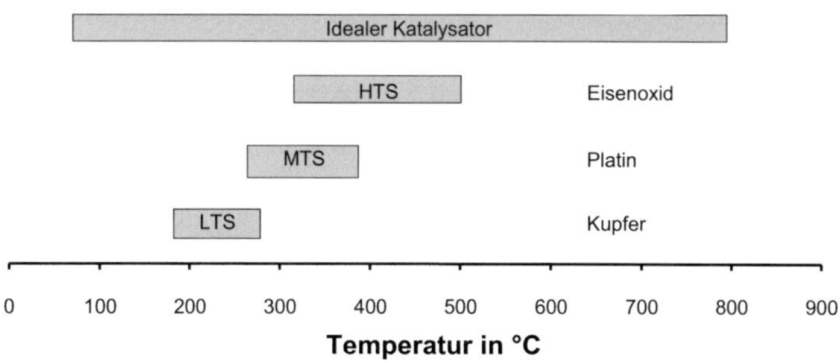

Abbildung 8: Vergleich der Arbeitstemperaturbereiche eines idealen *WGS*-Katalysators mit kommerziell verfügbaren Katalysatoren [51]

Eine weitere wichtige Größe ist die Selektivität bzgl. der *WGS*-Reaktion (Gl. 35). Eisenoxid- als auch Platin-Katalysatoren katalysieren neben der *WGS*- auch die Methanisierungsreaktionen [18][52]. Der erreichbare Umsatz der beiden Methanisierungsreaktionen in (Gl. 36), (Gl. 37) ist im Gegensatz zur *WGS*-Reaktion, unter den Bedingungen der *LTS*-Reaktion, nicht thermodynamisch limitiert. Durch die beiden Reaktionen wird Wasserstoff verbraucht, der dann nicht mehr in der Brennstoffzelle zur Erzeugung von elektrischer Energie zur Verfügung steht. In Tabelle 7 wird der Einfluss der Selektivität auf die theoretisch erreichbare Produktgaszusammensetzung anhand von thermodynamischen Gleichgewichtsberechnungen gezeigt.

$$CO + H_2O \rightleftarrows H_2 + CO_2 \qquad \Delta_R H^0_{298\,K} = -41 \text{ kJ/mol} \qquad \text{(Gl. 35)}$$

$$CO + 3\,H_2 \rightleftarrows CH_4 + H_2O \qquad \Delta_R H^0_{298\,K} = -206 \text{ kJ/mol} \qquad \text{(Gl. 36)}$$

$$CO_2 + 4\,H_2 \rightleftarrows CH_4 + 2H_2O \qquad \Delta_R H^0_{298\,K} = -165 \text{ kJ/mol} \qquad \text{(Gl. 37)}$$

Für die Berechnungen wurde ein Eduktgas mit der Gleichgewichtszusammensetzung eines Produktgases aus einer Dampfreformierung von Erdgas mit einem Wasser/Kohlenstoff-Stoffmengenverhältnisses von 3 bei einer Temperatur von 700 °C (Anhang A.3) gewählt.

Tabelle 7: Vergleich der thermodynamischen Gleichgewichtszusammensetzungen für die *WGS*-Reaktion mit der Selektivität 1 und für die *WGS-Reaktion* mit parallel ablaufenden Methanisierungsreaktionen unter typischen Bedingungen der *LTS*-Stufe (p = 1 bar, ϑ = 200 °C). Berechnung des thermodynamischen Gleichgewichts durch Minimierung der freien (Gibbs-) Enthalpie

Zusammen-setzung	**Eduktgas**	**Selektive *WGS***	***WGS* + Methanisierung**
y_{CO} in %	12,72	0,32	< 0,01
y_{CH4} in %	0,66	0,55	95,36
y_{CO2} in %	10,13	20,36	4,41
y_{H2} in %	76,49	78,77	0,23

Unter den angegebenen Bedingungen können theoretisch H_2-Endkonzentrationen von annährend 80 % im trockenen Produktgas bei einer hundertprozentig selektiven *WGS*-Reaktion erreicht werden. Hingegen würde sich das Produktgas beim Einsatz eines Katalysators, der sowohl die *WGS*- als auch die Methanisierungsreaktionen katalysiert, beim Erreichen des thermodynamischen Gleichgewichts zum größten Teil aus Methan und nur geringen Spuren Wasserstoff zusammensetzen (Tabelle 7). Um möglichst hohe H_2-Ausbeuten zu erzielen, ergibt sich daher die Notwendigkeit, einen Katalysator mit hoher Selektivität bzgl. der *WGS*-Reaktion zu verwenden.

5.3 Literaturrecherche – Katalysatorauswahl

Im Folgenden wird eine Übersicht über die in der Literatur erwähnten Aktivkomponenten, die gleichermaßen die WGS- und die Methanisierungsreaktionen katalysieren, gegeben.

Eine große Anzahl von Metallen, Metalloxiden und Mischoxiden wurde in der Vergangenheit auf ihre Eignung als *WGS*- bzw. Methanisierungskatalysator untersucht. Die in der Literatur zur Katalysierung der *WGS*- und der CO-Methanisierungsreaktion diskutierten Metalle sind im Periodensystem der Abbildung 9 grün unterlegt.

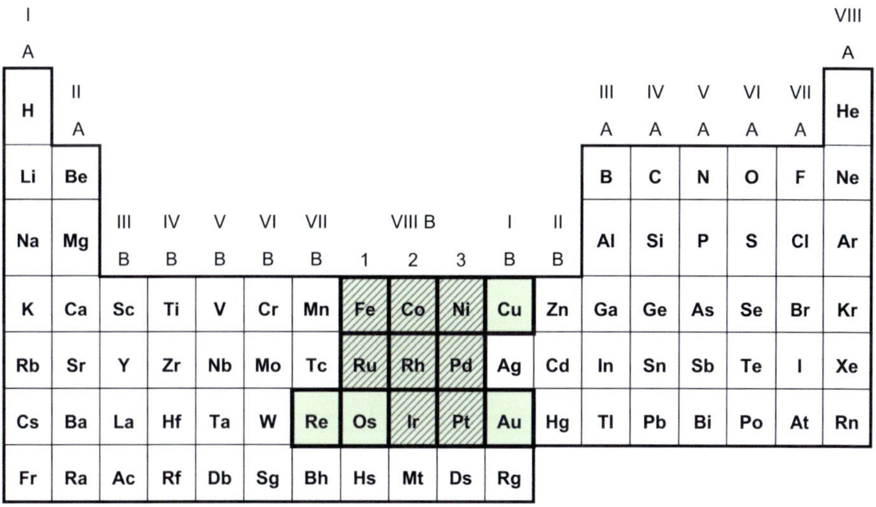

Abbildung 9: Lage der Katalysatormetalle für die *WGS*-Reaktion [53], (grün unterlegt) und für die Methanisierung [54][55] (zusätzlich schraffiert) im Periodensystem

Grenoble [53] untersuchte die Aktivität einer großen Anzahl an Nebengruppen-Metallen als Aktivkomponente für die *WGS*-Reaktion. Er testete die Aktivkomponenten auf unterschiedlichen Trägern bei atmosphärischem Druck in einem Temperaturbereich zwischen 50 und 380 °C. In diesem Zusammenhang bestimmte er die Aktivierungsenergien E_a sowie die präexponentiellen Faktoren A_i. In Tabelle 8 sind die Reaktionsgeschwindigkeitskoeffizienten k_i, die mit der Arrhenius-Gleichung (Gl. 38) für eine Temperatur von 275 °C berechnet wurden, aufgelistet.

$$k_i = A_i \cdot \exp\left(\frac{-E_{a,i}}{R \cdot T}\right) \qquad \text{(Gl. 38)}$$

Um die Reaktionsgeschwindigkeitskoeffizienten k_i der verschiedenen Aktivmetalle miteinander vergleichen zu können, werden diese auf die aktive Oberfläche des jeweiligen Katalysators bezogen. Es wird davon ausgegangen, dass es sich bei der aktiven Oberfläche um Metallatome, die für eine Adsorption von Wasserstoff bzw. von CO befähigt sind, handelt. Die aktive Oberfläche wurde mittels Wasserstoff- bzw. CO-Adsorption bestimmt.

Tabelle 8: Kinetische Parameter verschiedener Metall/Al_2O_3-Katalysatoren bei der *WGS*-Reaktion [53]

Katalysator Metall/Al_2O_3 in %	Aktivierungs-energie E_a in kJ/mol	Präexponentieller Faktor A_i in 1/s	Reaktionsgeschwindigkeitskoeffizient k_i in 1/s	Relative Aktivität (Relative Produktbildungsrate)
10 % Cu	55,7 ± 3,3	1440000	7,1368	5087
10 % Re	74,9 ± 6,7	2580000	0,1871	133
5 % Co	47,3 ± 15,1	5050	0,1571	112
1 % Ru	94,2 ± 2,5	73800000	0,0783	56
5 % Ni	78,3 ± 1,3	1400000	0,0487	35
2 % Pt	82,0 ± 5,4	1910000	0,0291	21
2 % Os	98,8 ± 11,3	61800000	0,0239	17
5 % Au	48,6 ± 2,5	946	0,0223	16
10 % Fe	80,4 ± 5,4	318000	0,0070	5
1 % Pd	79,9 ± 2,9	261000	0,0063	4
1 % Rh	96,3 ± 5,4	5000000	0,0034	2
2 % Ir	86,2 ± 13,8	231000	0,0014	1

Die Aktivität von Kupfer ist bei 275 °C etwa 40- bzw. 45-mal höher als die der beiden Metalle mit der nächst höheren Aktivität – Rhenium und Cobalt (Tabelle 8).

Mitunter wird die Aktivität durch das Trägermaterial beeinflusst. Bei der gezeigten Aktivitätsreihe verschiedener Trägermaterialien unterscheiden sich die Aktivitäten zwischen den benachbarten Trägern je um eine Größenordnung [53].

$$Al_2O_3 > SiO_2 > \text{Aktivkohle}$$

$$\text{hohe} \longleftarrow \text{niedrige Aktivität}$$

Durch logarithmische Auftragung der Reaktionsgeschwindigkeitskoeffizienten über die Adsorptionsenthalpie von CO an dem jeweiligen reinen Aktivmetall (Vulkankurve) kann gezeigt werden, dass es zwischen der Höhe der Adsorptionsenthalpie und der beobachtbaren Umsatzgeschwindigkeit einen Zusammenhang gibt. Hierbei wird die Annahme getroffen, dass die Adsorptionsenthalpie des reinen Aktivmetalls ähnlich der des auf dem Träger aufgebrachten ist. Mit Hilfe der Vulkankurve kann auf die optimale Adsorptionsenthalpie bei der die höchste Reaktionsgeschwindigkeit zu erwarten ist, gemutmaßt werden (Abbildung 10). Somit kann die Vulkankurve Hinweise bei der Katalysatorauswahl liefern. Für die *WGS*-Reaktion gibt Grenoble als optimale Adsorptionsenthapie -84 kJ/mol [53] und Vannice für die CO-Methanisierung -125 kJ/mol [54][55] an. Wird der Einfuss des Tägermaterials auf die jeweils ermittelten Reaktionsgeschwindigkeitskoeffizienten vernachlässigt, deuten die Ergebnisse darauf hin, dass eine stärkere CO-Metall-Wechselwirkung die Hydrierung von CO gegenüber der Oxidation begünstigt [53].

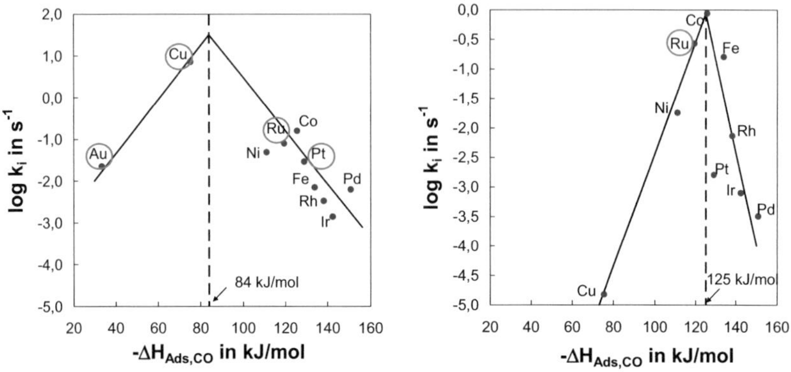

Abbildung 10: ***Links:*** Vulkankurve für die *WGS*-Reaktion, Trägermaterial Al_2O_3, ϑ = 275 °C (nach [53]). ***Rechts:*** Vulkankurve für die CO-Methanisierungsreaktion, Trägermaterial SiO_2, ϑ = 275 °C (nach [54]). Die hervorgehobenen Metalle wurden in dieser Arbeit näher untersucht

Die Vulkankurve lässt sich vereinfacht wie folgt interpretieren: Für Metalle, die das CO nur schwach binden z.B. wie Gold, ist die Aktivität gering, da die CO-Metall-Bindungsanzahldichte auf der Oberfläche gering ist. Wenn die CO-Metall-Bindung sehr stark ist, ist das Intermediär so stabil, dass die Reaktion zu den Produkten nur sehr langsam abläuft. Dies ist der Fall bei den Edelmetallen Pd und Ir. Es gibt folglich ein Optimum der Stärke der Bindung des Oberflächen-Intermediärs. Diese muss groß genug sein, damit eine genügend hohe Intermediär-Konzentration an der Oberfläche vorhanden ist. Allerdings darf dessen Stabilität nicht zu groß sein, damit es schnell genug zu den erwünschten Produkten abreagieren kann.

Wie aus Abbildung 10 *links* hervorgeht, ist hinsichtlich der Aktivität in der *WGS*-Reaktion Kupfer das Aktivelement der Wahl. Kupfer zeigt zudem nur eine geringe Aktivität bzgl. der Methanisierungsreaktion (Abbildung 10 *rechts*), d. h. dass sich Kupfer-Katalysatoren daher durch eine hohe Selektivität bzgl. der *WGS*-Reaktion auszeichnen sollten. Die Aktivität als auch die Selektivität werden mit durch das Trägermaterial beeinflusst. Dieses unterschied sich bei den Messungen, die zur Erstellung der Vulkankurven aus Abbildung 10 dienten.

Es gibt trotz der in der Literatur beschriebenen herausragenden Eigenschaften von Kupfer (Aktivität und Selektivität) Bemühungen, alternative

Katalysatorsysteme zu entwickeln. Grund hierfür sind vor allem das pyrophore Verhalten von Kupfer im heißen Zustand, die extreme Empfindlichkeit gegenüber Schwefelverunreinigungen im Gas und die notwendige Konditionierung des Katalysators (Reduktion) vor dessen Einsatz.

Bei den Untersuchungen von Grenoble [53] zeigte Gold im Vergleich zu Kupfer eine um zwei Größenordnungen geringere Aktivität. Erst durch die Pionierarbeiten von Haruta et al. [56] und Hutching [57] in der Mitte der 1980er Jahre wurde Gold als Katalysatorsystem entdeckt. Diese Autoren konnten zeigen, dass hoch disperse Goldpartikeln eine hohe Aktivität für die Oxidation von CO besitzen. Aus dieser Entdeckung entwickelte sich eine vielfältige Forschungslandschaft [58][59]. Die Aktivität der Gold-Katalysatoren wird durch die Größe der Goldpartikeln, ausgedrückt durch die Dispersion, und die Wahl des Trägermaterials beeinflusst. Der Grenzbereich zwischen Goldpartikeln und Trägermaterial ist für die Aktivität entscheidend [60]. Andreeva et al. [61] berichteten 1996 von Au/α-Fe_2O_3-Katalysatoren, die im Vergleich zu kommerziellen Cu/ZnO/Al_2O_3-Katalysatoren eine wesentlich höhere Aktivität bzgl. der *WGS*-Reaktion zeigten. Es wird zudem von einer hohen *WGS*-Aktivität von Au/TiO_2 [62] und Au/ZrO_2-Katalysatoren [63] berichtet. Entwicklungsbedarf besteht weiterhin in der Optimierung der Bedingungen [64], sowie in der Verbesserung der Reproduzierbarkeit der Katalysatorsynthesen [65][66]. Aufgrund der besseren Langzeitstabilität konzentrieren sich einige Arbeitsgruppen auf die Entwicklung von Au/CeO_2-Katalysatoren [67]. Für Brennstoffzellenanwendungen werden neben diesen auch Pt/CeO_2 Katalysatoren wegen ihres nicht-pyrophoren Verhaltens, ihrer Aktivität, ihrer Stabilität und ihrer reproduzierbaren Herstellbarkeit als aussichtsreichste Option für Brennstoffzellenanwendungen betrachtet [18].

Aufgrund der Hinweise aus der Literatur sowie aus den Vulkankurven (Abbildung 10) wurden im Rahmen dieser Arbeit Cu/ZnO-, Au/CeO_2-, Pt/CeO_2- und Ru-Katalysatoren hinsichtlich ihrer Aktivität und Selektivität bzgl. der *WGS*-Reaktion nähere untersucht und getestet.

5.4 Versuchsapparatur und -durchführung

Im Rahmen dieser Arbeit wurden Cu/ZnO-, Au/CeO_2-, Pt/CeO_2- und Ru-Katalysatoren *für die WGS-Reaktion getestet. Es wurde das Umsatzverhalten eines kommerziellen Cu/ZnO/Al_2O_3-Katalysators für die WGS-Reaktion und ein Ru/Al_2O_3-Katalysator für die selektive CO-Methanisierungsreaktion näher untersucht. Hierzu wurde eine Versuchsapparatur, die sich an den industriellen Prozess der Wasserstoffherstellung anlehnt, geplant, aufgebaut und in Betrieb genommen.*

Im Folgenden wird der Versuchsaufbau vorgestellt und auf die verwendeten analytischen Methoden eingegangen.

5.4.1 Versuchsapparatur

Mit Hilfe der Versuchsapparatur werden verschiedene Katalysatoren und Katalysatorträgersysteme in indirekt beheizbaren Strömungsrohrreaktoren getestet. Die Apparatur besteht aus der Gasdosierung, drei Reaktoren, die entweder einzeln oder in Reihe geschaltet betrieben werden können, und verschiedenen Einrichtungen für die Gasanalyse.

Konzeptionell lehnt sich die Apparatur an den industriellen Prozess zur Wasserstofferzeugung an und besteht aus den drei Reaktoren für die *HTS*-, die *LTS*- und die selektive CO-Methanisierungsreaktion. Im Unterschied zum industriellen Prozess werden die Experimente bei annähernd atmosphärischem Druck durchgeführt (Apparatur ist offen gegenüber der Atmosphäre). Beim industriellen Prozess ist zwischen der *LTS*- und der Methanisierungs-Stufe ein Wäscher zur Entfernung von CO_2 aus dem Prozessgas zwischengeschaltet. Dieser Prozessschritt ist in der Laboranlage nicht vorgesehen.

Die Gase werden mit Massendurchflussreglern *MFCs* (Mass Flow Controller) der Firma Bronkhorst (Modell EL-Flow) dosiert. Es lassen sich insgesamt sechs Gase parallel dosieren. Im Standardfall werden die Gase H_2, CO_2, CO, CH_4 in die Anlage geleitet. Mittels eines Verdampfers (Bronkhorst Modell *CEM* (Controlled Evaporater Mixer)) wird Wasser gezielt in die Gas- bzw. Dampfphase überführt. Hierbei wird mittels eines *MFC*s (Bronkhorst, Modell LIQUI-FLOW) das Wasser dosiert. Der Flüssigkeitsstrom wird mit H_2 als Trägergas vermischt und in eine Verdampfungskammer injiziert. Mit dem System ist eine nahezu pulsationsfreie Verdampfung möglich. Das Gasgemisch wird nach dem Eintritt in den Reaktor beim Durchströmen einer temperierten SiC-Schüttung auf Versuchstemperatur aufgeheizt. Alle verwendeten Gase besitzen eine definierte Qualität und werden handelsüblichen Gasflaschen entnommen. Eine Übersicht befindet sich in Anhang A.1.

Die Reaktoren wurden aufgrund seiner guten Bearbeitbarkeit und hohen Wärmeleitfähigkeit aus Aluminium gefertigt. Sie lassen sich bis auf eine Temperatur von 550 °C über elektrische Widerstandsheizungen beheizen. Der Innendurchmesser beträgt 33 bzw. 35 mm (Abbildung 13). In den Reaktoren wurde ein Thermoelementführungsrohr aus Edelstahl mit einem Außendurchmesser von ⅛ -Zoll zentrisch angebracht, in dem ein verschiebbares Thermoelement zur Aufnahme der axialen Temperaturverteilung geführt werden kann. Durch die hohe Wärmeleitfähigkeit kann die bei den Reaktionen freiwerdende Energie aus der Katalysatorpackung über die Wände des Reaktors abgeführt werden. An den Enden der Reaktoren sind Flansche angebracht, in die ¼-Zoll-Verschraubungen eingepasst sind, wodurch die Verbindung zur restlichen Apparatur ermöglicht wird. Die Flansch-Reaktor-Verbindungen werden mittels aus Graphit bestehenden Flachdichtungen abgedichtet. Um ein Auskondensieren von Wasser in den Rohrleitungen zu verhindern, werden sämtliche Rohrleitungen in der Apparatur auf mindestens 120 °C elektrisch beheizt.

Mittels des Softwarepakets Miniplant-Control [68] werden die Anlage selber sowie die Datenerfassung automatisiert gesteuert. Auf einer graphischen Benutzeroberfläche (Abbildung 11) werden die Betriebsparameter dargestellt. Die Betriebsparameter und die Messdaten werden in einer Textdatei zur Weiterverarbeitung gespeichert.

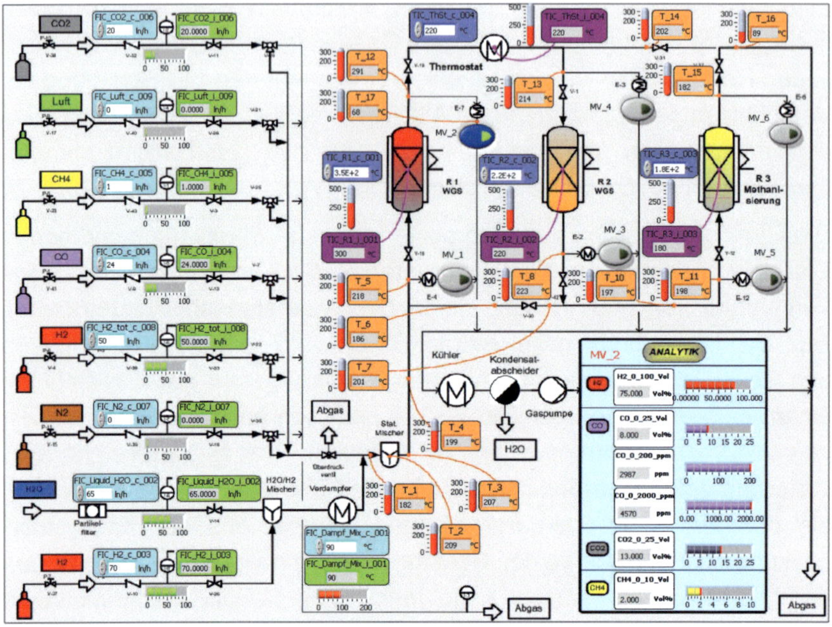

Abbildung 11: Graphische Benutzeroberfläche der verwendeten Laborapparatur [69]

Abbildung 12 zeigt das Verfahrensfließschema der Versuchsapparatur. Die Analytik, die Gasdosierung und die Stromversorgung sind in einem 19-Zoll-Schrank, die Reaktoren und die Verdampfereinheit in einem separaten Gerüst untergebracht. Die in Abbildung 12 mit einer punktierten Linie umrahmten Anlagenteile befinden sich innerhalb des Gerüstes.

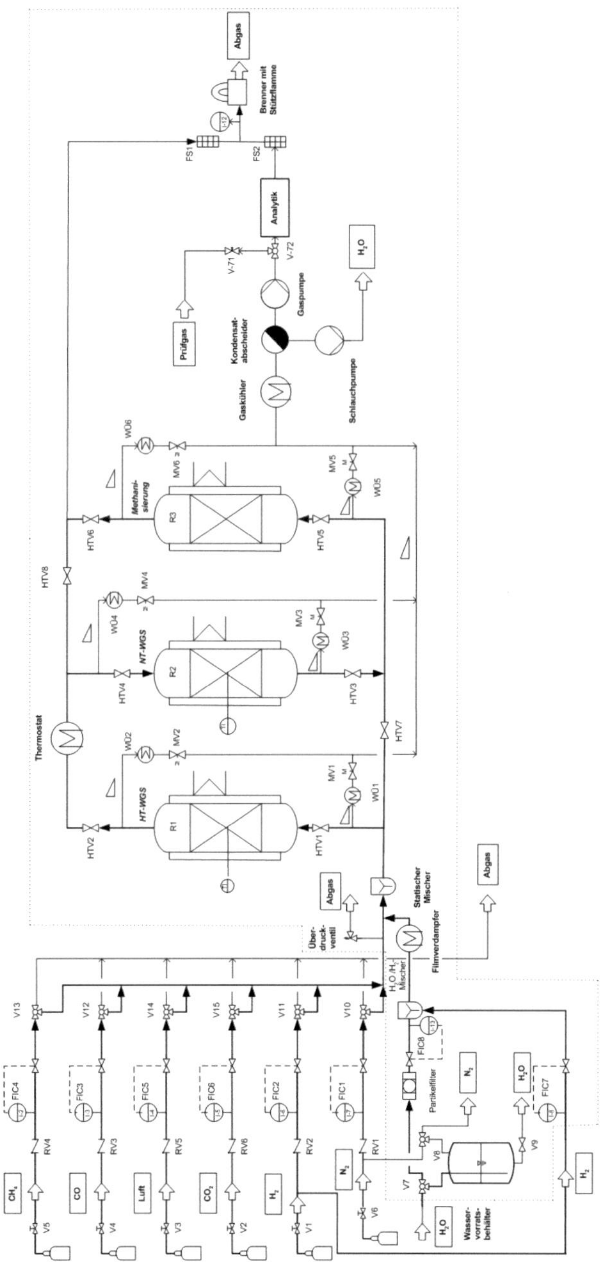

Abbildung 12: Verfahrensfließschema der Laboranlage [69]

5.4.2 Analytik

Ein Teil des Prozessgases kann vor und nach jedem Reaktor durch Öffnen eines Magnetventils abgezogen werden und der Analyseneinrichtung über eine Messgasfördereinheit der Firma ABB (Modell SCC-F) zugeführt werden. Den Analysengeräten ist ein Gaskühler (Fa. ABB, Modell SCC-C) vorgeschaltet, in dem das Wasser bei definierten Bedingungen auskondensiert. Die Messung der Wasserstoffkonzentration im Prozessgas erfolgt mit einem Wärmeleitfähigkeitsdetektor der Firma Hartmann & Braun, Typ Caldos 17. Kohlenstoffmonoxid, Kohlenstoffdioxid und Methan werden mit einem IR-Messgerät (Hartmann & Braun, Typ Uras 14) gemessen. In den verwendeten Geräten sind für jede Messkomponente Kalibrierküvetten eingebaut. Die Kalibrierküvetten wurden von Zeit zu Zeit durch den Vergleich mit Kalibrierprüfgasen aus Stahlflaschen überprüft. Ein nicht zu vernachlässigendes Problem stellt sowohl bei der IR-Spektroskopie als auch bei der Wärmeleitfähigkeitsmessung die Querempfindlichkeit dar. Darunter wird der Einfluss einer Komponente im Gas auf die Absorptionsbanden bzw. die Wärmeleitfähigkeit der zu messenden Komponente verstanden. Sowohl im Uras 14 als auch im Caldos 17 werden die Querempfindlichkeiten intern mit einer werksseitigen angepassten Software kompensiert. Weitere Einzelheiten zu den Messgeräten finden sich im Anhang A.2.

5.4.3 Versuchsdurchführung

Das Gas tritt mit einem minimalen Überdruck gegenüber Atmosphärendruck aus der Gasdosierung in den Reaktor. Der Überdruck ist notwendig, um ein Durchströmen der Laborapparatur zu gewährleisten. Vor dem eigentlichen Start der Messkampagne wurde der Katalysator mit Wasserstoff in Stickstoff reduziert (mit Ausnahme der Ru-, Pt/CeO_2-Wabenkatalysatoren). Es wurden Versuche mit Katalysatoren, die auf metallische Wabenträger aufgebracht sind, mit aufgemahlenen Katalysatoren (Pulver) und mit Katalysator-Tabletten durchgeführt.

Der in Abbildung 13 *links* dargestellte Reaktor wird von unten durchströmt. Die abgebildete SiC-Schüttung dient zum Temperieren des Gases auf Versuchstemperatur sowie zur Homogenisierung (Kap. 7.2.3) des Strömungsprofils. Das Führungsrohr ermöglicht eine genaue Positionierung eines Thermoelements vor bzw. in der Katalysatorpackung.

Die Katalysatorpackungen, wie sie in Abbildung 13 *Mitte* und *rechts* gezeigt sind, werden von oben angeströmt. Die Pulverschüttung (Abbildung 13 *Mitte*) befindet sich in einem 200 mm langen Aluminiumrohr mit einem Innendurchmesser von 8 mm. Das Rohr ist mit dem unteren Flansch verschraubt. Hierdurch wird eine Bypass-Strömung entlang der äußeren Rohrwand verhindert. Analog zu den Versuchen mit Wabenträgern befindet sich im Inneren des Reaktors ein Führungsrohr für das Thermoelement. Vor der Katalysatorschüttung befindet sich eine SiC-Schüttung. Die Quarzwolle zwischen der SiC- und der Katalysatorschicht, sowie vor und nach der Schüttung, verhindert das Vermischen der unterschiedlichen Körner sowie das Austragen von Partikeln aus dem Reaktor.

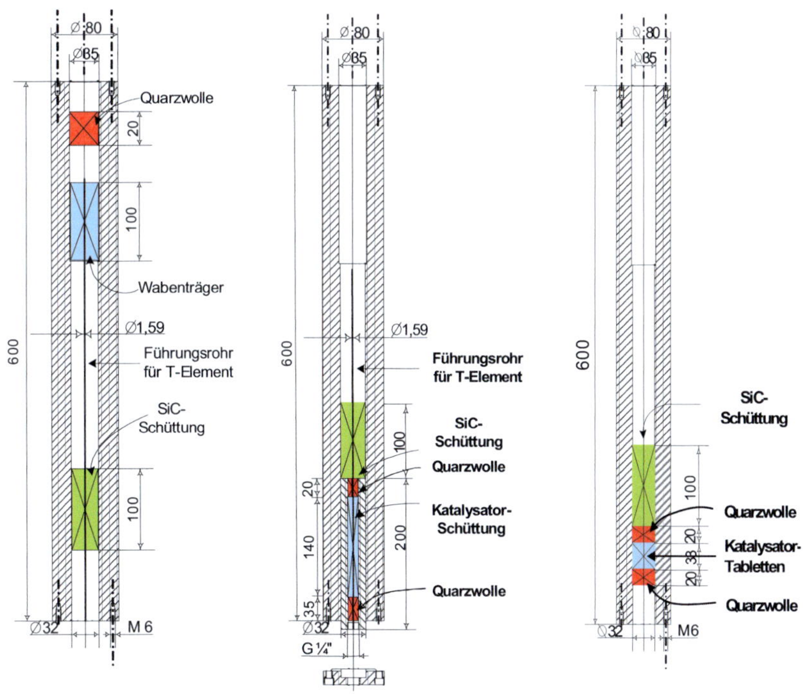

Abbildung 13: Reaktor-Versuchsanordnungen. ***Links:*** mit Wabenträger. ***Mitte:*** mit Pulver-Schüttung. ***Rechts:*** mit Schüttung aus Katalysator-Tabletten

Es wurde der Einfluss der Temperatur und der Verweilzeit auf den Umsatz untersucht. Die Zusammensetzung des Eduktgases für die *LTS*-Reaktion entsprach der Gleichgewichtszusammensetzung eines Produktgases aus der Dampfreformierung eines artifiziellen Erdgases mit einem Wasser/Kohlenstoff-Stoffmengenverhältnis von 3 bei einer Temperatur von 700 °C. Das der Reformierung zugrunde gelegte Erdgas wurde aus den in Deutschland flächendeckend verteilten Erdgasen aus Russland und aus der Nordsee zusammengesetzt (Anhang A.3). Die Eingangsgaszusammensetzung der Methanisierung entspricht der *WGS*-Gleichgewichtsgaszusammensetzung bei einer Temperatur von ϑ = 220 °C.

Tabelle 9: Eduktgaszusammensetzung für die Versuche der *WGS*-Reaktion und der selektiven CO-Methanisierung

<table>
<tr><th>Erdgas</th><th>➔</th><th colspan="2">LTS
$y_{i,0}$ in %</th><th>➔</th><th colspan="2">Methanisierung
$y_{i,0}$ in %</th></tr>
<tr><td rowspan="3">50 %
Russland</td><td rowspan="3">Dampf-
Reformierung</td><td>CO</td><td>9,24</td><td rowspan="3">LTS-Stufe</td><td>CO</td><td>0,40</td></tr>
<tr><td>CO_2</td><td>7,36</td><td>CO_2</td><td>16,20</td></tr>
<tr><td>CH_4</td><td>0,48</td><td>CH_4</td><td>0,48</td></tr>
<tr><td rowspan="2">50 %
Nordsee II</td><td>ϑ = 700 °C</td><td>H_2</td><td>55,56</td><td>ϑ = 220 °C</td><td>H_2</td><td>64,40</td></tr>
<tr><td>S/C = 3</td><td>H_2O</td><td>27,36</td><td></td><td>H_2O</td><td>18,52</td></tr>
</table>

Während der Versuche wurden die zeitlichen Änderungen der Konzentrationen der Gaskomponenten CO, CO_2, CH_4 und H_2 online gemessen und aufgezeichnet. Je nach Größe des Temperatursprungs zwischen zwei Versuchseinstellungen wurden nach ca. 3 bis 5 Stunden stabile Messwerte erhalten. Um sicherzustellen, dass ein stationärer Betriebspunkt vorlag, wurde die Versuchseinstellung 6 Stunden gehalten.

5.4.4 Versuchsauswertung

Der Umsatz U_i ergibt sich aus dem Verhältnis des umgesetzten Stoffmengenstroms zum eintretenden Stoffmengenstrom des Eduktes i. Er berechnet sich im stationären Fall mit:

$$U_i = \frac{{}^{n}\Phi_{i,ein} - {}^{n}\Phi_{i,aus}}{{}^{n}\Phi_{i,ein}} \qquad \text{(Gl. 39)}$$

Die integrale Reaktorselektivität ${}^{R}S_{j,i}$ setzt den gebildeten Stoffmengenstrom einer produzierten Substanz j ins Verhältnis zu dem im Reaktor umgesetzten Stoffstrom des Eduktes i. Sie berechnet sich im stationären Fall zu:

$${}^{R}S_{j,i} = \frac{{}^{n}\Phi_{j,aus} - {}^{n}\Phi_{j,ein}}{{}^{n}\Phi_{i,ein} - {}^{n}\Phi_{i,aus}} \qquad \text{(Gl. 40)}$$

Die Raumgeschwindigkeit des Gases *GHSV* ist eine praktische Reaktorkenngröße, die aus dem Verhältnis von Normvolumenstrom des trokkenen Gases im Reaktoreintritt und dem Katalysatorvolumen gebildet wird.

$$GHSV = \frac{{}^{V}\Phi_{N,ein}}{V_{Katalysator}} \qquad \text{(Gl. 41)}$$

Die modifizierte Verweilzeit τ_{mod} beschreibt die mittlere Dauer, die der Gasstrom benötigt, um den Katalysator zu durchströmen. Sie wird in dieser Arbeit aus dem Quotienten der Katalysatormasse und dem realen Gasvolumenstrom gebildet.

$$\tau_{\mathrm{mod}} = \frac{m_{Kat}}{{}^{V}\Phi} \qquad \text{(Gl. 42)}$$

Da es sich bei dem gestesteten kommerziellen *WGS*-Katalysator um einen Vollkatalysator handelt, wurde die modifizierte Verweilzeit auf die Einwaage bezogen. Somit sind keine zusätzlichen, meist nicht verfügbaren Annahmen z. B. zur Katalysatorzusammensetzung notwendig. Quantitative Aussagen gelten allerdings auch nur für den vorliegenden Katalysator.

WGS: $m_{Kat} = m_{Cu/ZnO} + m_{Al2O3}$

Im Gegensatz hierzu wurde beim Methanisierungs-Katalysator die modifizierte Verweilzeit wie in [52] auf die Masse der Aktivkomponente Ruthenium (0,3 %) bezogen. Somit können die dort aus dem Umsatzverhalten abgeleiteten kinetischen Parameter direkt mit denen dieser Arbeit verglichen werden.

Methanisierung: $m_{Kat} = m_{Ru}$

Die Reaktorbilanz

Ziel ist es, ein Modell zu entwickeln, mit dem sich die Zusammenhänge zwischen eintretenden Stoffmengenströmen und austretenden Produktströmen der einzelnen Gaskomponenten mit Hilfe von mathematischen Gleichungen in Abhängigkeit der Reaktionstemperatur und der Verweilzeit beschreiben lassen. Die Modellbildung für die durchgeführten reaktionstechnischen Versuche mit Pulverschüttungen, sowie für die Dimensionierung eines Wabenreaktors anhand eines homogenen Modellkanals, verläuft analog. In beiden Fällen wird ein integraler Festbettreaktor betrachtet, für den folgende Annahmen getroffen werden:

1. Der Reaktor wird stationär betrieben, d. h., die Zusammensetzung des Reaktionsgemisches bleibt zeitlich konstant: $\frac{\partial c_i}{\partial t} = 0$.
2. Es liegt eine ideale Pfropfenströmung vor, d.h., die axiale Dispersion ist vernachlässigbar, während die radiale Vermischung unendlich groß ist. (Bodenstein-Kriterium ist eingehalten) (Anhang C.1)
3. Die durchströmte Querschnittsfläche des Reaktors A_R bzw. des Kanals A_K ist über die Länge des Reaktors konstant.
4. In der Reaktionszone herrschen isotherme Bedingungen. In den Pulverschüttungen konnte die axiale Isothermie durch Messen des axialen Temperaturprofils bestätigt werden. Aufgrund des kleinen Reaktordurchmessers kann auch von einer radialen Isothermie ausgegangen werden.
5. Es entsteht keine, bzw. nur eine vernachlässigbare Volumenänderung durch die Reaktion (${}^{V}\Phi_0 = {}^{V}\Phi$). Bei der nichtäquimolar ablaufenden Methanisierung gilt diese Annahme aufgrund eines großen Überschusses an Wasserstoff.

Für den so definierten idealen Strömungsrohrreaktor lautet die integrale, in axialer Richtung eindimensionale Stoffmengenbilanz für ein differentielles Volumenelement:

$$\frac{\partial n_i}{\partial t} = {}^n\Phi_{i,z} - {}^n\Phi_{i,z+dz} + r_i A dz \tag{Gl. 43}$$

Mit der Bildungsgeschwindigkeit r_i der Komponente i folgt für den stationären Zustand:

$$-d^n\Phi_i = -r_i A dz \tag{Gl. 44}$$

Mit dem differentiellen Umsatz $d^n\Phi_i = -{}^n\Phi_{i,0} dU_i$ und mit dem Ausdruck ${}^n\Phi_{i,0} = c_{i,0} \cdot {}^V\Phi$ lässt sich Gleichung (Gl. 44) umschreiben zu:

$$c_{i,0} {}^V\Phi \; dU_i = -r_i A dz \tag{Gl. 45}$$

Die Integration über die Reaktorlänge L führt zu:

$$c_{i,0} \cdot \int_{U=0}^{U} \frac{dU_i}{-r_i} = \int_{z=0}^{z=L} \frac{A \cdot dz}{{}^V\Phi} = \frac{V_R}{{}^V\Phi} = \tau \tag{Gl. 46}$$

τ ist dabei die mittlere Verweilzeit des Gasstroms ${}^V\Phi$ im leeren Reaktor mit dem Volumen V_R. Die Reaktionsgeschwindigkeit kann auch auf die Katalysatormasse bezogen werden. Mit

$$\tau_{\text{mod}} = \frac{m_{Kat}}{V_R} \cdot \tau \tag{Gl. 47}$$

und

$${}^m r_i = \frac{V_R}{m_{Kat}} \cdot r_i \tag{Gl. 48}$$

folgt:

$$\tau_{mod} = \frac{m_{Kat}}{{}^{V}\Phi} = c_{i,0} \cdot \int_{0}^{U} \frac{dU_i}{-{}^{m}r_i} \qquad \text{(Gl. 49)}$$

(Gl. 49) bildet die Grundlage für die Anpassung der Reaktionsgeschwindigkeitsansätze an die Messwerte (Kap. 5.9.1 und 5.9.2) und für die Modellrechnungen zur Ermittlung des Einflusses der Temperaturführung auf die notwendige Reaktorlänge (Kap. 8).

5.5 Katalysatortests

Die im Folgenden vorgestellten experimentellen Untersuchungen wurden mit Katalysatoren, die auf metallischen Waben aufgebracht waren, durchgeführt. Die mit γ–Al_2O_3 beschichteten Waben wurden von der Firma W. C. Heraeus GmbH & Co. KG zur Verfügung gestellt. Die Kenndaten der Waben sind in Tabelle 10 aufgelistet.

Als Eduktgas wurde bei den Experimenten zur WGS-Reaktion ein Modellgas, wie es bei Einstellung des thermodynamischen Gleichgewichts im Dampfreformer, bei einem Wasser/Kohlenstoff-Stoffmengenverhältnis von 3 und bei einer Temperatur von 700 °C, bei Verwendung von Erdgas als Brennstoff auftritt, verwendet (siehe Anhang A.3).

Tabelle 10: Kenndaten der mit γ–Al_2O_3 beschichteten metallischen Waben [71]

Werkstoff	1.4767 (CrAl 20 5)
Foliendicke	50 µm
Schichtdicke γ-Al_2O_3	80 µm
BET-Oberfläche γ-Al_2O_3	120 m²/g
Masse γ-Al_2O_3	7,7 g
Anzahl der Kanäle	271
Kanaldichte	200 cpsi 31 Kanäle pro cm²
Innendurchmesser	33 mm
Außendurchmesser	35 mm
Länge	90 mm

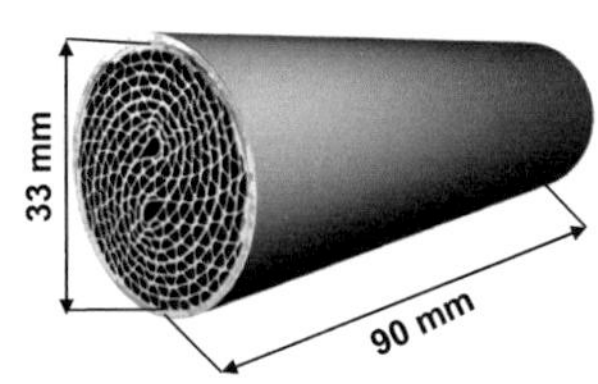

Au/CeO_2 wurde am ZSW in Ulm, Ru und Pt/CeO_2 von der Firma W.C.Heraeus GmbH & Co.KG auf die mit γ-Al_2O_3 beschichteten Waben aufgebracht. Der getestete Cu/ZnO-Wabenkatalysator wurde durch Tränkung innerhalb dieser Arbeit hergestellt (siehe Anhang B.1). Die Katalysatorbeschichtungen der hier getesteten Katalysatoren erwiesen sich als mechanisch sehr widerstandsfähig. Erst durch starke mechanische Belastung (Hämmern auf den Außenmantel) konnten geringe Mengen (> 5 mg) des Washcoats von den Waben für die Analyse abgelöst werden. In Anhang B.2 sind die mittels der ICP-OES (Inductively Coupled Plasma Optical Emission Spectrometry) und der RFA (Röntgenfluoreszenzanalyse) ermittelten Elementzusammensetzungen der getesteten Katalysatoren aufgeführt.

5.5.1 Gold/Ceroxid-Wabenkatalysatoren

Tabelle 11: Elementaranalyse (in Massenprozent) des Washcoats eines getesteten Gold/Ceroxid-Wabenkatalysators

Au	0,65 ± 0,02
Ce	22,50 ± 0,47
Al	22,48 ± 0,30
Cu	0,12 ± 0,04
Ag	0,55
Cr	0,56
Fe	1,80
Ni	0,58

Der Au/CeO_2-Katalysator wurde vom ZSW in Ulm durch Tränken der mit γ-Al_2O_3 beschichteten, in Kapitel 5.5 beschriebenen, metallischen Waben aufgebracht. Die getesteten Waben stammen aus einer Charge, d.h. sie wurden unter vergleichbaren Bedingungen mit Katalysator beschichtet. Es kann daher näherungsweise davon ausgegangen werden, dass die Elementarzusammensetzung bei allen getesteten Waben annährend gleich ist. Die Elementarzusammensetzung der Katalysatorbeschichtung wurde daher nur von einem der getesteten Au/CeO_2-Wabenkatalysatoren bestimmt. Die Probe bestand aus dem beim Hämmern auf den Außenmantel der jeweils getesteten Au/CeO_2-Waben abgelösten Washcoat. In Tabelle 11 sind zur besseren Übersicht nur die Komponenten, die einen Massenanteil von > 0,1 % aufweisen, dargestellt. Unterhalb dieses Grenzwerts wurden weiterhin die Elemente Ba, Ca, Mg, Mn, Na, Ti, V und Zr quantifiziert (siehe Anhang B.2). Neben Au/CeO_2 sind in nennenswerten Konzentrationen Cu, Ni und Fe nachgewiesen worden, die ebenfalls Aktivkomponenten für die *WGS*-Reaktion sind. Die nachgewiesenen Elemente Ni,

Fe sowie Cr, Mn, Ti und V sind typische Elemente von Stahl. Der größte Anteil dieser Elemente in der Probe stammt vermutlich vom Werkstoff, aus dem die Waben gefertigt sind. Neben den in Tabelle 11 angeführten Elementen wurden außerdem noch Cl, S und Si nachgewiesen.

Die Aktivkomponente Gold wird als Goldsäure ($HAuCl_4 \cdot 4\ H_2O$) auf den Träger aufgebracht [72]. In der Goldsäure liegt das Gold als Au^{3+} vor. Die aktiven Zentren sind ein Ensemble von Au^{3+} und sehr kleinen Au Partikeln (< 1 nm) [73]. Zum Erreichen dieses Zustands ist es erforderlich, den Katalysator mit H_2 zu reduzieren [74]. Dafür wird die Wabe zunächst mit Stickstoff getrocknet und anschließend mit 5 Vol.-% (1. Reduktion), später mit 10 Vol.-% Wasserstoff in Stickstoff (2. Reduktion) reduziert. Es wurde der Einfluss der Vorbehandlung, d.h. der Temperatur und der Dauer bei der Trocknung und bei der Reduktion, auf die erreichbare Aktivität bei einer Reaktionstemperatur von 180 °C näher untersucht. Die Bedingungen der Vorbehandlung sind in Tabelle 12 aufgelistet. Es zeigte sich, dass mildere Bedingungen, d.h. 180 °C gegenüber 200 °C, zu einer höheren Aktivität führen.

Tabelle 12: Bedingungen der Vorbehandlung des Gold/Ceroxid-Katalysators [75]

Aktivierung	**Dauer in min**	**ϑ in °C**
Trocknung	120	180
1.Reduktion	120	180
2.Reduktion	120	180
Trocknung	120	200
1.Reduktion	120	200
2.Reduktion	120	200
Trocknung	40	200
Reduktion	45	200
Trocknung	180	200
1.Reduktion	120	200
2.Reduktion	120	200

Die Au/CeO_2-Katalysatoren wurden in einem Temperaturbereich von 100 bis 300 °C untersucht (Reaktionsbedingungen: $p = 1$ bar, ${}^{V}\Phi_N = 50$ l/h, $GHSV = 650\ h^{-1}$, $y_{CO,0} = 9{,}24$, $y_{CH4,0} = 0{,}48$, $y_{CO2,0} = 7{,}36$, $y_{H2,0} = 55{,}56$, $y_{H2O,0} = 27{,}36$ (jeweils %)). Der höchste Umsatz der besten Au/CeO_2-Reaktionswabe lag bei 8,3 %, der sich allerdings nach einer Versuchszeit von 100 Stunden halbierte.

Aufgrund des Umstandes, dass die Katalysatoren vor ihrem Einsatz aktiviert werden müssen, und wegen des relativ geringen Umsatzes erscheint der Einsatz der Au/CeO_2-Katalysatoren für eine *PEM*-Brennstoffzellenanwendung ohne eine erhebliche Verbesserung der Katalysatoren als nicht sinnvoll.

5.5.2 Platin/Ceroxid-Wabenkatalysatoren

Es wurden zwei Pt/CeO_2-Katalysatoren getestet. Die Katalysatoren wurden von W. C. Heraeus GmbH & Co. KG zur Verfügung gestellt. Die Aktivkomponenten wurden durch Tränkung [71] der in Kapitel 5.5 beschriebenen, mit γ-Al_2O_3-Washcoat versehenen metallischen Waben aufgebracht. Die Elementarzusammensetzungen der Katalysatorbeschichtungen der beiden getesteten Waben sind in Tabelle 13 aufgeführt. Zur besseren Übersicht sind nur die Komponenten angeführt, deren Massenanteil > 0,1 % ist. Unter dieser Grenze wurden noch die Elemente Ba, Ca, K, Mn, Na, Pd, Ti, Y und Yb quantifiziert (siehe Anhang B.2). Die Elemente Fe, Cr, Mn und Ni sind wahrscheinlich bei der Probenahme in die Probe gelangt und stammen vom Wabenwerkstoff. Zr und Ce sind typische Elemente oxidischer Trägermaterialien und stammen offensichtlich aus dem Katalysatorwashcoat.

Tabelle 13: Elementarzusammensetzung (in Massenprozent) der Pt/CeO_2-Katalysatorbeschichtung

	Pt/CeO_2_1	**Pt/CeO_2_2**
Pt	3,47 ± 0,08	1,40 ± 0,07
Ce	33,96 ± 0,64	34,5 ± 1,11
Al	11,91 ± 0,33	9,45 ± 0,75
Ru	1,29 ± 0,01	0,22 ± 0,04
Zr	7,40	7,00
Fe	0,91	3,60
Ag	0,52	0,70
Cr	0,30	1,30
Ni	0,53	0,71
Mg	0,24	0,036
Hf	0,16	*< 0,003*

Die Katalysatoren wurden ohne Vorbehandlung (Trocknung bzw. Reduktion) eingesetzt. Die Ergebnisse in Abbildung 14 zeigen eine höherer Aktivität des Pt/CeO_2_1-Katalysators, welche sich auf den im Vergleich zum Pt/CeO_2_2 fast 2,5-fachen Massenanteil an Platin bzw. 6-fachen an Ruthenium zurückführen lässt.

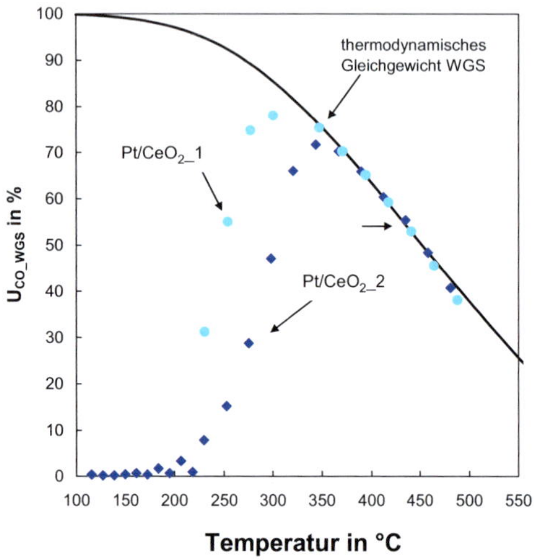

Abbildung 14: Vergleich der Aktivität der beiden getesteten Pt/CeO_2-Waben bzgl. der *WGS* Aktivität [75]. Reaktionsbedingungen: p = 1 bar, ${}^{V}\Phi_N$ = 50 l/h, *GHSV* = 650 h^{-1}, $y_{CO,0}$ = 9,24, $y_{CH4,0}$ = 0,48, $y_{CO2,0}$ = 7,36, $y_{H2,0}$ = 55,56, $y_{H2O,0}$ = 27,36 (jeweils %)

Die Katalysatoren zeigen ab Temperaturen um 230 °C einen Umsatz von ca. 30 %. Der Pt/CeO_2_1 wurde insgesamt 360 Stunden, der Pt/CeO_2_2 insgesamt 620 Stunden lang getestet. In Abbildung 15 und in Abbildung 16 sind die während der Messkampagnen vorliegenden Gastemperaturen und die in der *WGS*- und in der Methanisierungsreaktion umgesetzten CO-Anteile dargestellt. Die Versuchseinstellungen wurden je 6 bzw. 12 Stunden konstant gehalten.

Beim Katalysator Pt/CeO_2_1 nimmt mit zunehmender Temperatur der Anteil an CO, der über die Methanisierungsreaktion abreagiert, zu. D.h., die Selektivität bzgl. der *WGS*-Reaktion nimmt ab. Interessanter Weise bleibt der umgesetzte CO-Anteil mit 75 bis 80 % relativ konstant (Abbildung 15). Bei Temperaturen kleiner 300 °C findet praktisch keine CO-Methanisierung mehr statt. Der Katalysator bietet also die Möglichkeit, die Produktgaszusammensetzung über die Temperatur zu steuern.

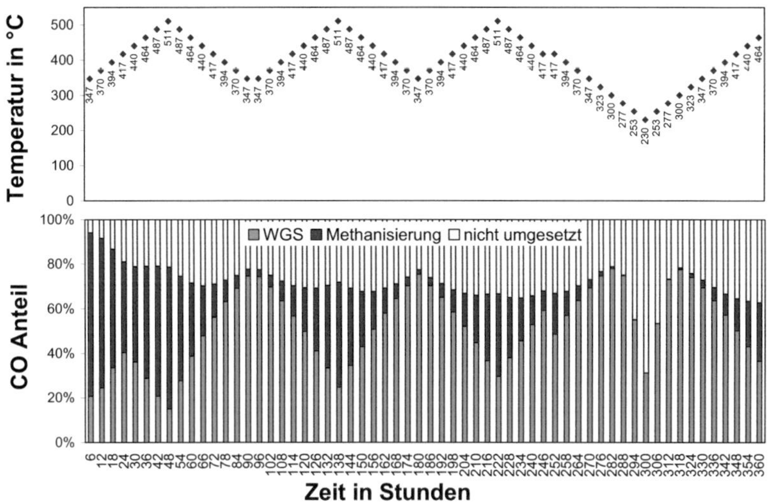

Abbildung 15: Eingestellte Gastemperaturen, umgesetzte CO-Anteile in der *WGS*- und in der Methanisierungsreaktion, sowie der nicht umgesetzte CO-Anteil während der Messkampagne mit dem Pt/CeO_2_1-Katalysator [75]. Reaktionsbedingungen wie in Abbildung 14

Im Gegensatz dazu ändert sich beim Katalysator Pt/CeO_2_2 der CO-Umsatz mit Änderung der Reaktionstemperatur wesentlich. Zu einem signifikanten CO-Umsatz kommt es ab einer Temperatur von > 180 °C. Es wird dabei bevorzugt die *WGS*-Reaktion katalysiert. Diese dominiert bis zu einer Temperatur von 340 °C, darüber nimmt die Selektivität bzgl. der *WGS*-Reaktion ab. Das unterschiedliche Umsatzverhalten der beiden Katalysatoren lässt sich wahrscheinlich auf deren unterschiedliche Zusammensetzungen zurückführen. So scheint der fast 6-fache Ruthenium-Anteil des Pt/CeO_2_1-Katalysators der Grund für die hohe Aktivität bzgl. der Methanisierungsreaktion zu sein.

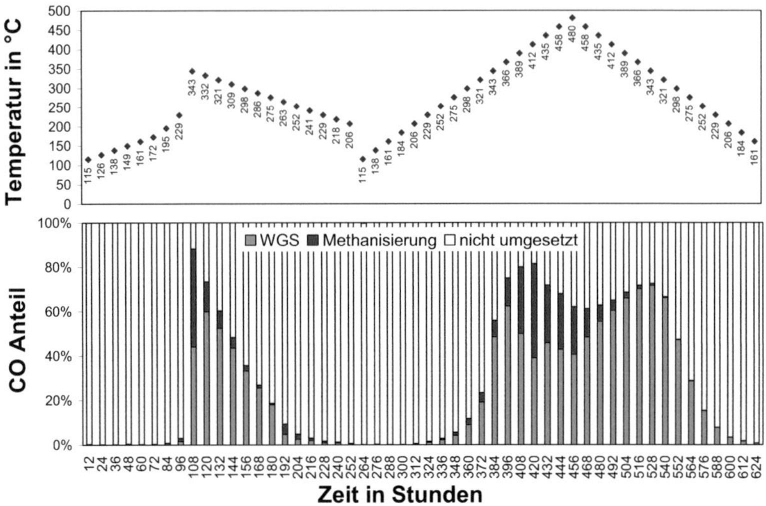

Abbildung 16: Eingestellte Gastemperaturen, umgesetzte CO-Anteile in der *WGS*- und in der Methanisierungsreaktion, sowie der nicht umgesetzte CO-Anteil während der Messkampagne mit dem Pt/CeO_2_2-Katalysator [75]. Reaktionsbedingungen wie in Abbildung 14

5.5.3 Ruthenium-Wabenkatalysator

Tabelle 14: Elementarzusammensetzung (in Massenprozent) der Ru-Katalysatorbeschichtung

Ru	9,75 ± 1,08
Al	15,57 ± 0,42
Ce	< 0,02
Ag	0,26
Cr	0,24
Fe	0,82
Ti	13,30

Der Ru-Katalysator wurde ebenfalls von W. C. Heraeus GmbH & Co. KG zur Verfügung gestellt. Die Aktivkomponenten wurden durch Tränkung [71] auf die mit einem γ-Al_2O_3-Washcoat versehenen, in Kapitel 5.5 beschriebenen metallischen Waben aufgebracht. In Tabelle 14 sind zur besseren Übersicht nur die Komponenten, deren Massenanteil in der Elementaranalyse > 0,1 % war, angeführt. Unter dieser Grenze wurden Ba, Ca, Co, Mg, Mn, Na, Ni, Y und Zr quantifiziert (siehe Anhang B.2). Der hohe Anteil an Ti deutet darauf hin, dass TiO_2 als Trägermaterial im Washcoat verwendet wurde. Die Elemente Fe, Cr, Mn und Ni stammen wahrscheinlich zum größten Teil aus dem Wabenmaterial, welches während der Probenahme in die Probe gelangt war. Es konnten zudem Cl, S und Si nachgewiesen werden. Der Katalysator wurde ohne Vorbehandlung (Trocknung bzw. Reduktion) eingesetzt.

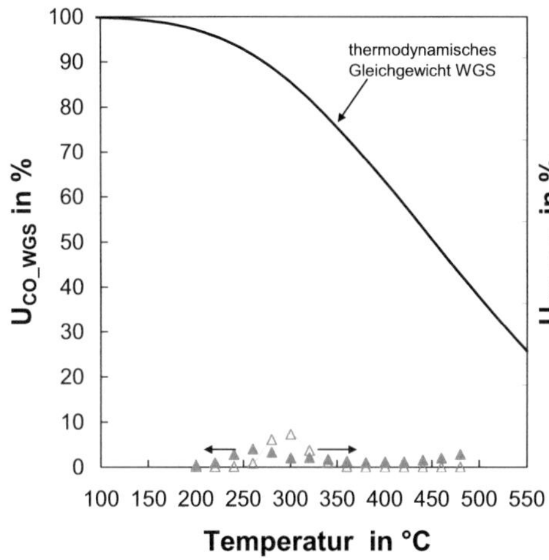

Abbildung 17: Aktivität des Ru-Wabenkatalysators bzgl. der *WGS*- und der CO-Methanisierungsreaktion [75]. Reaktionsbedingungen: p = 1 bar, $^{V}\Phi_N$ = 50 l/h, *GHSV* = 650 h^{-1}, $y_{CO,0}$ = 9,24, $y_{CH4,0}$ = 0,48, $y_{CO2,0}$ = 7,36, $y_{H2,0}$ = 55,56, $y_{H2O,0}$ = 27,36 (jeweils %)

Der getestete Wabenkatalysator zeigt bei Temperaturen unter 250 °C eine geringe Aktivität, allerdings eine hohe Selektivität bzgl. der *WGS*-Reaktion. Ab einer Temperatur von 250 °C kommt es zu einer starken Zunahme der Methanisierungsaktivität. Der größte CO-Umsatz wurde bei einer Versuchstemperatur von 300 °C gemessen. Ab dieser Temperatur kam es zur Degradation des Katalysators – wahrscheinlich durch thermisches Sintern der Aktivkomponente. Ab einer Temperatur von 360 °C zeigte der Katalysator praktisch keine Aktivität mehr bzgl. der Methanisierungsreaktion. Es blieb aber eine Restaktivität bzgl. der *WGS*-Reaktion (Abbildung 17). In Abbildung 18 ist die Änderung des Umsatzverhaltens über die Dauer der Messkampagne aufgezeigt.

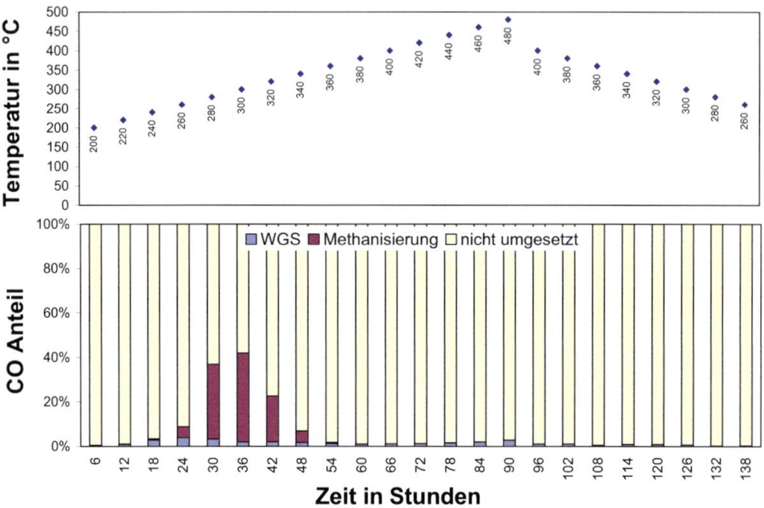

Abbildung 18: Gemessene Gastemperaturen, umgesetzte CO-Anteile in der *WGS*- und in der Methanisierungsreaktion, sowie der nicht umgesetzte CO-Anteil während der Messkampagne mit dem Ru-Wabenkatalysator [75]. Reaktionsbedingungen wie in Abbildung 17

5.5.4 Kupfer/Zinkoxid-Wabenkatalysatoren

Tabelle 15: Elementarzusammensetzung (in Massenprozent) der Cu/ZnO-Katalysatorbeschichtungen

	Cu/ZnO_1	Cu/ZnO_2
Cu	13,97 ± 0,65	26,34 ± 0,49
Zn	53,24 ± 0,33	39,89 ± 0,79
Al	4,03 ± 0,42	4,94 ± 0,18
Ce	2,10 ± 0,24	2,47 ± 0,08

Kupfer und Zink wurden durch Tränkung des mit γ-Al_2O_3 beschichteten Wabenträgers (s. Kapitel 5.5) mit einer gesättigten $Cu(NO_3)_2$-/$Zn(NO_3)_2$-Lösung aufgebracht [76]. Nähere Informationen zur Herstellung finden sich in Anhang B.1. Es wurden zwei Katalysatorwaben nach dieser Methode hergestellt und getestet. Die Vorbehandlung (Kalzinierung und Reduktion) war bei beiden Katalysatoren gleich. Die Elementarzusammensetzungen sind bezüglich der Hauptkomponenten in Tabelle 15 aufgelistet. Es wurden außerdem die Elemente Ag, Cr, Fe, Mg, Na, Ni und Ti quantifiziert, deren Massenanteile allerdings unter 0,05 % liegen. Die aufgebrachte Gesamtmasse an Kupfer- und an Zinkoxid ist bei beiden Katalysatoren ähnlich (4,9 g und 5,8 g, siehe

Anhang B.2). Allerdings unterscheidet sich die Masse der Aktivkomponente Kupfer. Die Masse an Kupfer berechnet sich für den Katalysator Cu/ZnO_1 zu 0,81 g und für den Cu/ZnO_2 zu 1,84 g und ist beim letzteren damit etwa doppelt so hoch. Dieses Verhältnis spiegelt sich in der etwa doppelt so hohen Aktivität des Cu/ZnO_2 im Vergleich zum Cu/ZnO_1 Katalysator wieder (Abbildung 19). Über den gesamten Messbereich wurde keine Methanbildung beobachtet.

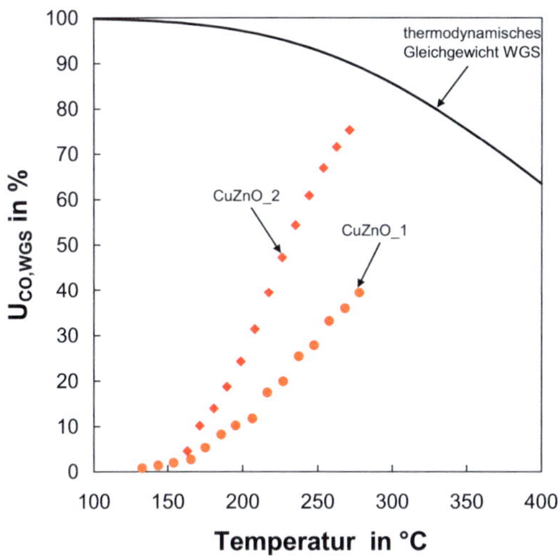

Abbildung 19: Vergleich der *WGS*-Aktivität der beiden getesteten Cu/ZnO-Waben [76]. Reaktionsbedingungen: p = 1 bar, ${}^{V}\Phi_N$ = 50 l/h, *GHSV* = 650 h^{-1}, $y_{CO,0}$ = 9,24, $y_{CH4,0}$ = 0,48, $y_{CO2,0}$ = 7,36, $y_{H2,0}$ = 55,56, $y_{H2O,0}$ = 27,36 (jeweils %)

Die deutlichen Unterschiede im Umsatzverhalten der beiden hergestellten Waben lassen ein erhebliches Verbesserungspotential hinsichtlich der Katalysatorsynthese vermuten.

Der Katalysator Cu/ZnO_1 wurde insgesamt 150 Stunden, der Cu/ZnO_2 450 Stunden bei verschiedenen Versuchstemperaturen getestet. Um eine Veränderung der Aktivität feststellen zu können, wurden von Zeit zu Zeit Reproduktionsmessungen bei gleichen Temperaturen durchgeführt. Deren Ergebnisse sind in Abbildung 20 für die Temperatur 240 °C dargestellt. Es zeigt sich eine Abnahme der Katalysatoraktivitäten um ca. 25 % im dargestellten Zeitraum von 180 Stunden.

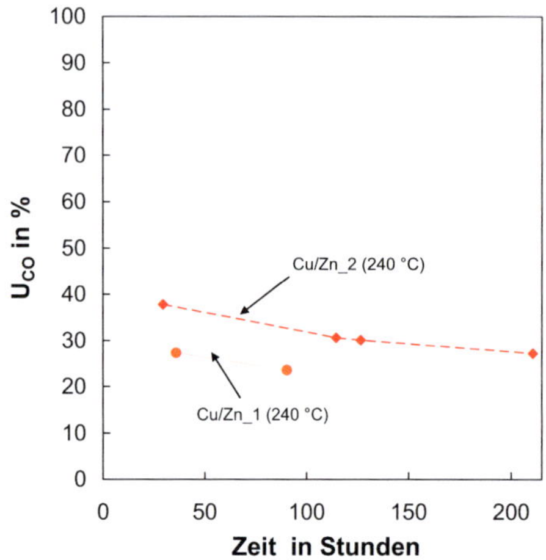

Abbildung 20: Abnahme des CO-Gesamtumsatzes während der Messkampagne. Reaktionsbedingungen: p = 1 bar, ${}^{V}\Phi_N$ = 50 l/h, *GHSV* = 650 h^{-1}, ϑ = 240°C, $y_{CO,0}$ = 9,24, $y_{CH4,0}$ = 0,48, $y_{CO2,0}$ = 7,36, $y_{H2,0}$ = 55,56, $y_{H2O,0}$ = 27,36 (jeweils %)

5.6 Katalysatorauswahl – Gegenüberstellung

In Abbildung 21 sind die Ergebnisse der gestesteten Au/CeO_2-, Pt/CeO_2, Ru- und Cu/ZnO-Wabenkatalysatoren gegenübergestellt.

Es zeigt sich, dass die Vorbehandlung, d.h. Trocknungs- und Reduktionstemperatur und -dauer einen großen Einfluss auf die Aktivität der Au/CeO_2-Katalysatoren hat. Mildere Temperaturen dort führen zu höheren Aktivitäten bei der CO-Entfernung. Der höchste Umsatz der besten Au/CeO_2-Reaktionswabe lag bei 8,3 %, der sich allerdings nach einer Versuchszeit von 100 Stunden halbierte. Der Referenzkatalysator Cu/ZnO zeigt bei 180 °C eine etwas höhere Aktivität als der Au/CeO_2. Die getesteten Au/CeO_2-Katalysatoren stellen daher keine Alternative zu den Cu/ZnO-Katalysatoren dar. Eine interessante Option ist der Pt/CeO_2_1-Katalysator. Dieser zeigt eine ähnliche Aktivität wie der Cu/ZnO_2-Katalysator. Ein Nachteil ist die bereits erwähnte unzureichende Selektivität, wodurch es zum Verlust von Wasserstoff durch Methanbildung kommt.

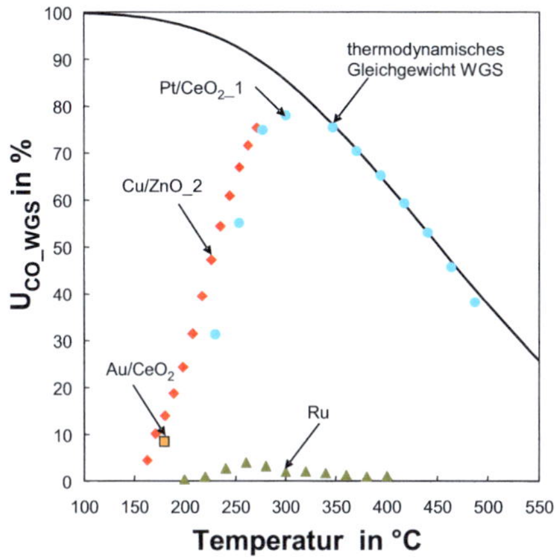

Abbildung 21: Gegenüberstellung der getesteten Wabenkatalysatoren. Reaktionsbedingungen: p = 1 bar, ${}^{V}\Phi_N$ = 50 l/h, *GHSV* = 650 h^{-1}, $y_{CO,0}$ = 9,24, $y_{CH4,0}$ = 0,48, $y_{CO2,0}$ = 7,36, $y_{H2,0}$ = 55,56, $y_{H2O,0}$ = 27,36 (jeweils %)

Der Ru-Katalysator zeigte nur eine geringe Aktivität bzgl. der *WGS*-Reaktion. Wie aus [52] bekannt, sind Ru-Katalysatoren sehr gut geeignet für die selektive CO-Methanisierung.

Somit ergibt sich für die getesteten Wabenkatalysatoren die folgende Aktivitätsreihe hinsichtlich der *WGS*-Reaktion:

$$Cu/ZnO > Pt/CeO_2 > Au/CeO_2 > Ru$$

Bezüglich der Selektivität für die *WGS*-Reaktion resultiert folgende Reihenfolge:

$$Cu/ZnO = Au/CeO_2 >> Pt/CeO_2 >> Ru$$

5.7 Verfahrenstechnische Lösungsansätze zur Überwindung der Nachteile des Kupfer-Katalysators

Die untersuchten Waben mit Kupfer als Aktivkomponente zeigten innerhalb des Ensembles an getesteten Katalysatoren die höchste Aktivität bei einer gleichzeitigen Selektivität von 1 bzgl. der *WGS*-Reaktion. Neben diesen herausragenden positiven Charakteristika besitzen die Kupfer-Katalysatoren allerdings auch als negative Eigenschaften eine hohe Schwefelempfindlichkeit und pyrophores Verhalten beim Kontakt des heißen Katalysators mit Luftsauerstoff (siehe Kapitel 3.2.3.2). Im Falle einer schwefelhaltigen Odorierung muss mit einem Gesamtschwefelgehalt zwischen 1,5 und 10 ppm gerechnet werden. Bei einer schwefelfreien Odorierung, unterstützt durch den Einsatz von „schwefeltoleranten“ Reformierungskatalysatoren könnte auf eine Entschwefelung des Erdgases vor der ersten Stufe der Brenngasherstellung verzichtet werden. Im Dampfreformer werden die Schwefelverbindungen zu H_2S hydriert und gelangen überwiegend in dieser Form in die *WGS*-Stufe. Die von kommerziellen *WGS*-Kupfer-Katalysatoren tolerierten H_2S-Konzentrationen im Prozessgas liegen im Bereich zwischen 0,1 [18] und 0,5 ppm [15]. Um die Standzeit des Kupfer-Katalysators zu erhöhen, kann, wie im industriellen Prozess der Wasserstoffherstellung, ein Guard-Bett, das aus ZnO besteht, vorgeschaltet werden [15][16][18]. Wenn durch den Einsatz von metallischen Waben sichergestellt werden kann, dass die in der *WGS*-Stufe freiwerdende Reaktionsenthalpie aus dem Reaktor abgeführt werden kann, ergibt sich das folgende Verfahrensfließschema für das *PEM-BZH*.

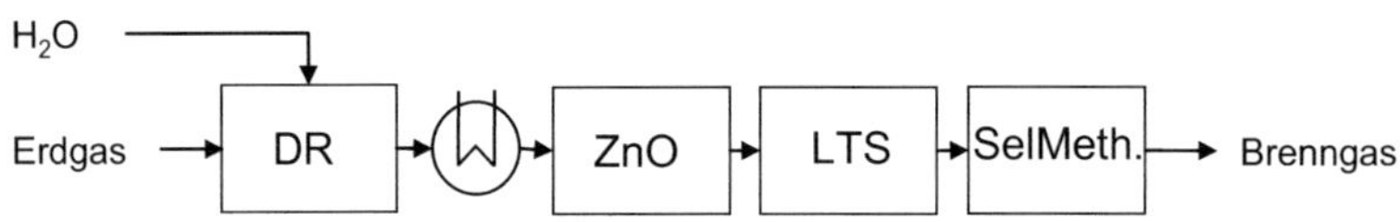

Abbildung 22: Vereinfachtes Verfahrensschema für ein *PEM-BZH*

Außer mit H_2S sollte der Kupfer-Katalysator wegen seiner pyrophoren Eigenschaften im heißen Zustand auch nicht mit Luftsauerstoff in Kontakt kommen. Daher ist es notwendig, während des Abfahrens des *PEM*-Brennstoffzellenheizungssystems den *WGS*-Reaktor zu inertisieren. Hierzu könnte der Reaktor mit Erdgas bis zum Erreichen einer Temperatur von < 50 °C gespült werden. Das hierfür notwendige Erdgas kann anschließend zur Bereitstellung von z. B. Warmwasser oder von Heizwärme im Kessel verfeuert werden. Das Spülen des Reaktors mit Erdgas bietet den weiteren Vorteil, dass die Bildung von Kondenswasser weitestgehend unterbunden werden kann. Denn bei Versuchen mit Katalysatortabletten hatte es sich gezeigt, dass diese beim Aufheizvorgang des Wiederanfahrens der Versuchsanlage zerbrechen können. Diese Schädigung lässt sich auf den Druckanstieg in den Poren während des

Aufheizens durch Verdampfen des in den Poren beim vorhergehenden Abfahren der Anlage kondensierten Wassers zurückführen. Die Zerbröselung des Katalysators führt zu einem Anstieg des Druckverlusts. Die mechanische Zerstörung des Katalysators beim Verdampfen des Kondenswassers wurde jedoch bei den in dieser Arbeit getesteten Waben nicht beobachtet. Das Kondenswasser kann außerdem die reduzierte Aktivkomponente wieder oxidieren, wodurch diese an Aktivität verliert.

Alternativ zur Verwendung eines ZnO-Guard-Betts kann eine längere Standzeit des *WGS*-Katalysators einfach durch Erhöhung der Menge des Cu/ZnO-Katalysators erzielt werden. Cu als auch Zn reagieren mit dem H_2S als Opfermaterialien.

$$2\,Cu + H_2S \rightleftarrows Cu_2S + H_2 \qquad \text{(Gl. 50)}$$

$$ZnO + H_2S \rightleftarrows ZnS + H_2O \qquad \text{(Gl. 51)}$$

Der Cu/ZnO-Katalysator ist somit in der Lage, effektiv die *PEM*-Brennstoffzelle vor einer Schädigung durch H_2S im Prozessgas zu schützen. Diese Eigenschaft ist als weiterer wesentlicher Vorteil des Cu/ZnO-Systems gegenüber den anderen in dieser Arbeit getesteten Katalysatoren hervorzuheben.

5.8 Optimierungspotential der Cu/ZnO-Wabenkatalysatoren

Neben den in Kapitel 5.5.4 gezeigten experimentellen Ergebnissen mit den selbst hergestellten Cu/ZnO-Wabenkatalysatoren, die durch Tränkung der mit γ-Al_2O_3-beschichteten Waben in einer gesättigten Kupfer/Zink-Nitrat-Lösung hergestellt wurden, ist weiterhin ein kommerzieller Cu/ZnO/Al_2O_3-Katalysator in aufgemahlener Form (Pulver) untersucht worden. Durch den Vergleich des Umsatzes der Katalysatoren bei gleicher modifizierter Verweilzeit bezogen auf die Aktivkomponente Kupfer $\tau_{mod,Cu}$ (in Abbildung 23 durch Kreise hervorgehobene Werte) ist ein erhebliches Optimierungspotential der Wabenkatalysatoren zu vermuten. Der kommerzielle Cu/ZnO/Al_2O_3-Katalysator zeigt eine annähernd doppelt so hohe Aktivität wie der Katalysator Cu/ZnO_2.

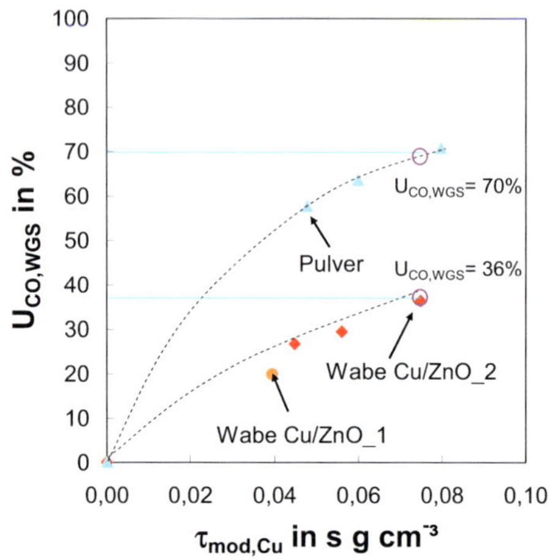

Abbildung 23: Darstellung des Optimierungspotentials der selbst hergestellten Katalysatoren durch Vergleich des Umsatzverhaltens mit dem getesteten kommerziellen $Cu/ZnO/Al_2O_3$-Katalysator. Reaktionsbedingungen: ϑ = 225°C, p = 1 bar, $y_{CO,0}$ = 9,24, $y_{CH4,0}$ = 0,48, $y_{CO2,0}$ = 7,36, $y_{H2,0}$ = 55,56, $y_{H2O,0}$ = 27,36 (jeweils %)

Der Unterschied lässt sich eventuell auf die unterschiedliche Zusammensetzung des Aktivmaterials (Anhang B.2) und auf die ungünstigere Verweilzeitverteilung in der Wabe im Vergleich zur Schüttung zurückführen. Ein erhebliches Optimierungspotential ist hinsichtlich der Katalysatorzusammensetzung, der Metalldispersion sowie der Porosität zu erwarten. Weiterhin kann die Katalysatorbeschichtung hinsichtlich eines gleichmäßigen Aufbringens des Katalysators sowie der Schichtdicke, die den Katalysatornutzungsgrad bestimmt, optimiert werden.

Bei den in dieser Arbeit verwendeten Waben variieren die Kanaldurchmesser erheblich (Abbildung 24). Dies führt zu unterschiedlichen Verweilzeiten und damit zu unterschiedlichen Umsatzgraden in den jeweiligen Kanälen, wodurch die Effizienz des Reaktionssystems abnimmt (siehe Kapitel 6.3).

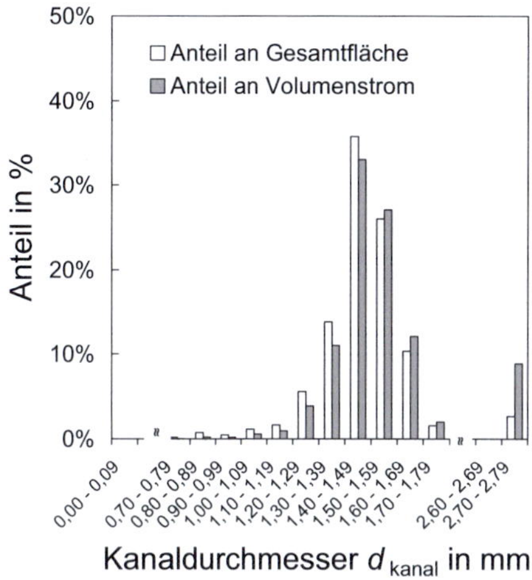

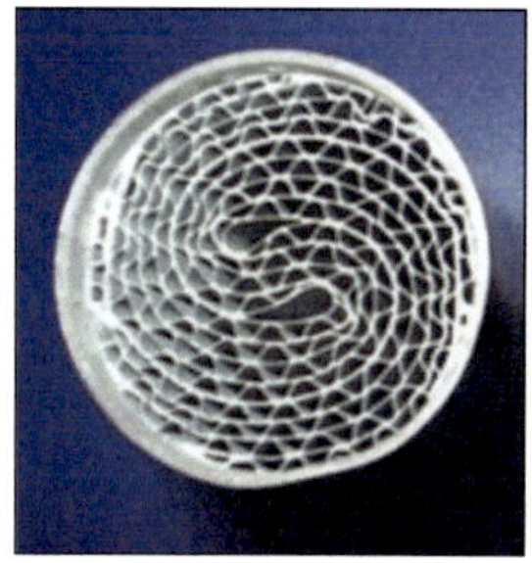

Abbildung 24: ***Links:*** Anteil der Kanäle am freien Strömungsquerschnitt und am Gesamtvolumenstrom in Abhängigkeit ihrer Durchmesser. ***Rechts:*** Bild einer in dieser Arbeit verwendeten metallischen Wabe

5.9 Formalkinetische Beschreibung des Umsatzverhaltens

Für die später in Kapitel 8 gezeigten Ergebnisse der Parameterstudie zur Optimierung der CO-Entfernungseinheit für ein PEM-BZH war eine mathematische Beschreibung des Umsatzverhaltens der WGS- und der Methanisierungsreaktion erforderlich.

Wie in Kapitel 5.8 dargestellt, besteht ein erhebliches Optimierungspotential bei den selbst hergestellten Wabenkatalysatoren. Um für die Optimierungsrechnungen praxisnähere Aussagen treffen zu können, wurden daher Parameter einer der Literatur entnommenen Formalkinetik an Messwerte, die mit dem zermahlenen kommerziell erhältlichen Cu/ZnO/Al_2O_3*-Katalysator erhalten wurden, angepasst.*

Der formalkinetische Ansatz für die Methanisierungsreaktion wurde aus [52] entnommen, modifiziert und an Messwerte, die bei praxisnahen Bedingungen ermittelt wurden, angepasst. Bei dem Methanisierungskatalysator handelt es sich ebenfalls um einen kommerziellen Katalysator.

5.9.1 Formalkinetik – kommerzieller *WGS*-Katalysator

Für die Auslegung des *WGS*-Reaktors (Kapitel 8) ist eine mathematische Beschreibung des Umsatzverhaltens des *WGS*-Katalysators in Abhängigkeit von der eingesetzten Katalysatormasse, den Partialdrücken der Komponenten im Gas und der Temperatur notwendig. Hierfür wurde der kinetische Ansatz (Gl. 52) benutzt. Unter Verwendung der von Moe [77], Bohlbro und Jorgensen [25] sowie Keiski [78] ermittelten Exponenten wurden die Reaktionsgeschwindigkeitskonstanten k_i durch Anpassung berechneter an gemessene Konzentrationsverläufe bestimmt. Eine Gütebewertung schließt sich an.

$$\nu_i{}^m r_i = k \cdot p_{CO}^l \cdot p_{H_2O}^m \cdot p_{CO_2}^n \cdot p_{CO}^q \cdot (1-\beta) \quad \text{(Gl. 52)}$$

Durch die Einführung des Ausdrucks β kann berücksichtigt werden, dass die Reaktionsgeschwindigkeit beim Erreichen des thermodynamischen Gleichgewichtes gleich null wird:

$$\beta = \frac{p_{CO_2} \cdot p_{H_2}}{p_{CO} \cdot p_{H_2O} \cdot K_p} \quad \text{(Gl. 53)}$$

Für $K_p(T)$ wurde folgende Zahlenwertgleichung eingesetzt,

$$K_p(T) = \exp\left(\frac{4577{,}8K}{T} - 4{,}33\right) \quad \text{(Gl. 54)}$$

mit der im betrachteten Temperaturbereich die thermodynamische Gleichgewichtskonstante ermittelt werden kann [17]. In Tabelle 16 sind die Exponenten der verwendeten formalkinetischen Ansätze zusammengefasst:

Tabelle 16: Exponenten in den formalkinetischen Ansätzen nach (Gl. 52)

	l	m	n	q
Moe 1962 [77]	1	1	0	0
Bohlbro und Jorgensen 1970 [25]	0,8	0,5	-0,15	1
Keiski 1993 [78]	0,78	0,15	0	0

Der in dieser Arbeit verwendete kommerzielle Cu/ZnO/Al_2O_3-Katalysator wurde zur Bestimmung der kinetischen Parameter aufgemahlen. Der in den Versuchen eingesetzte Partikeldurchmesser lag zwischen 200 und 400 µm. Für die Messung wurden 10 g Katalysator eingesetzt. Durch Variation der Versuchstemperatur (193 bis 235 °C) und der Verweilzeit (τ_{mod} von 0,15 bis 0,45 s g cm^{-3}) wurde das Umsatzverhalten untersucht. Die Messdaten dienten zur Ermittlung der Reaktionsgeschwindigkeitskonstanten und der Aktivierungsenergien. Zunächst wurden bei verschiedenen Temperaturen die Geschwindigkeitskonstanten ermittelt. Dies ist in Abbildung 25 *links* exemplarisch, mit dem sich aus den Exponenten nach Moe ergebenden Ansatz, dargestellt. Die jeweiligen Diagramme für die Exponenten von Bohlbro und Jorgensen sowie Keiski finden sich im Anhang C.2. Anschließend wurden die Aktivierungsenergie und der Frequenzfaktor über eine Arrhenius-Auftragung bestimmt (Abbildung 25, *rechts*).

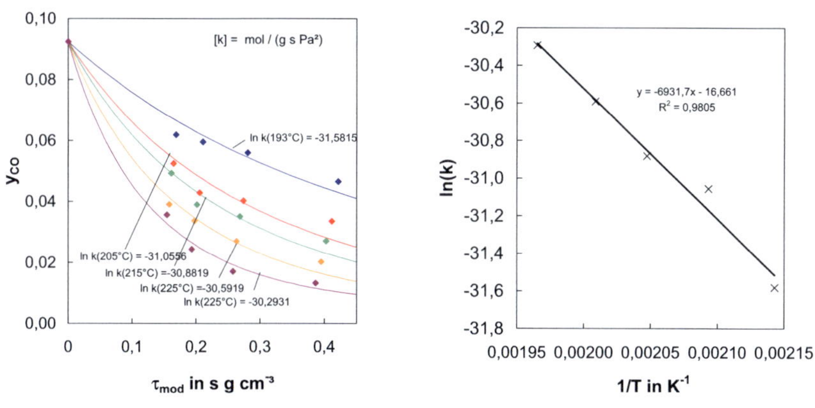

Abbildung 25: Vorgehensweise bei der Ermittlung der Parameter der Reaktionsgeschwindigkeitskonstanten am Beispiel des Ansatzes nach Moe. ***Links:*** Anpassung der Geschwindigkeitskonstanten k(T) an Messwerte. ***Rechts:*** Arrhenius-Auftragung zur Ermittlung des Häufigkeitsfaktors k_0 und der Aktivierungsenergie E_a

Die Paritäts-Diagramme (Abbildung 26) für gemessene und auf Basis der ermittelten kinetischen Parameter berechnete CO-Konzentrationen ermöglichen die Güte der jeweiligen Beschreibung des Umsatzverhaltens zu bewerten.

Die beste Übereinstimmung zwischen berechneten und experimentellen Daten konnte bei der Verwendung der Exponenten von Moe erzielt werden. Hierbei ist auch noch im CO-Konzentrationsbereich von < 3 % die jeweilige CO-Konzentration mit einer Genauigkeit von nahezu 10 % abschätzbar. In Tabelle 17 sind die Parameter für die Ansätze aller drei Autoren zusammengefasst.

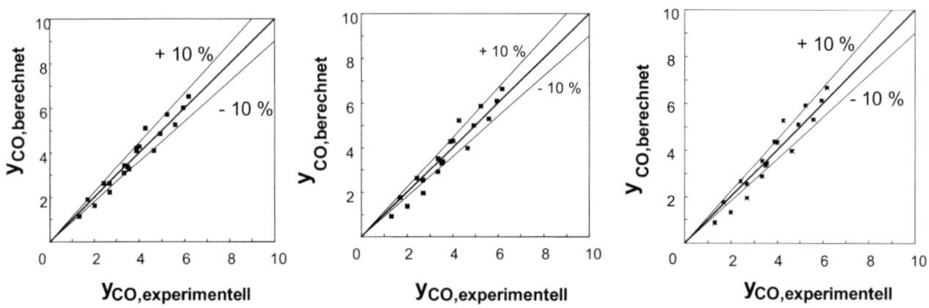

Abbildung 26: Paritätsdiagramme mit den jeweiligen Exponenten nach: ***Links*:** Moe. ***Mitte*:** Bohlbro und Jorgensen. ***Rechts*:** Keiski

Tabelle 17: Kinetische Parameter und Exponenten für die formalkinetischen Ansätze (Gl. 52)

	k_0	E_a	l	m	n	q
Moe	5,811 10^{-8} mol/(g s Pa^2)	57,63 kJ/mol	1	1	0	0
Bohlbro und Jorgensen	9,467 10^{-10} mol/(g s $Pa^{2,15}$)	52,39 kJ/mol	0,8	0,5	-0,15	1
Keiski	4,038 10^{-4} mol/(g s $Pa^{0,93}$)	50,98 kJ/mol	0,78	0,15	0	0

Die für chemische Reaktionen relativ niedrige Aktivierungsenergie lässt vermuten, dass die Messungen, die für die Bestimmung der kinetischen Parameter zugrunde gelegt wurden, durch den Einfluss des inneren Stofftransports bestimmt sind. Diese Vermutung bestätigte eine Abschätzung des inneren Stofftransports (Anhang C.8).

Die für kommerzielle $Cu/ZnO/Al_2O_3$ Katalysatoren in der Literatur veröffentlichten Aktivierungsenergien liegen im Bereich von 40 bis 80 kJ/mol (siehe Tabelle 4, 8 und 33) und lassen damit ebenso vermuten, dass auch die dort der Ermittlung der Aktivierungsenergien zugrunde liegenden Messungen durch den inneren Stofftransport limitiert waren. Bei der in Kapitel 8 behandelten Kopplung der *WGS*- und der Methanisierungsstufe konnte angenommen werden, dass die *WGS*-Reaktion an

$Cu/Zn/Al_2O_3$, in Wabenreaktoren mit katalytischer Beschichtung durch den inneren Stofftransport bestimmt ist (Anhang C.9). Deshalb konnten die unter solchem Einfluss ermittelten kinetischen Daten in erster Näherung angewendet werden.

5.9.2 Formalkinetik – kommerzieller Methanisierungskatalysator

Für die Auslegung des CO-Methanisierungs-Reaktors ist eine Formalkinetik erforderlich, die das Umsatzverhalten des Katalysators in Abhängigkeit von den Partialdrücken der Komponenten im Gas, der Temperatur und der Stöchiometrie wiedergibt. Diese Kinetik wurde für einen kommerziellen Ru/Al_2O_3-Katalysator entwickelt. Hierzu wurde in [52] das in Abbildung 27 *links* dargestellte allgemeine Reaktionsnetz auf drei bevorzugt ablaufende Reaktionspfade (Abbildung 27, *Mitte*) vereinfacht.

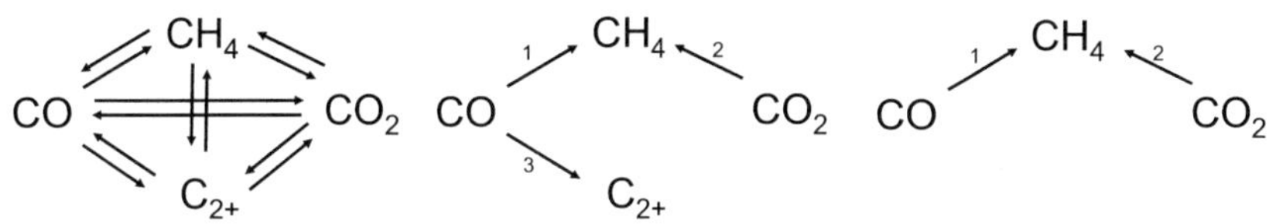

Abbildung 27: Reaktionsnetze für die Hydrierung von CO und CO_2. ***Links:*** allgemeines Reaktionsnetz bezüglich der Hydrierung von CO und CO_2. C_{2+}: längerkettige Kohlenwasserstoffe. ***Mitte:*** vereinfachtes Reaktionsnetz, bei p = 4 bar nach [52]. ***Rechts:*** vereinfachtes Reaktionsnetz, bei p = 1 bar [79]

Die Bildung von langkettigen Kohlenwasserstoffen (Fischer-Tropsch-Produkte) wird durch höhere Drücke begünstigt. Bei vollständigem CO-Umsatz wurden bei 4 bar längerkettige Produkte bei Verwendung des gleichen Katalysators in der Größenordnung von < 0,1 Vol.-% gefunden [52]. Bei der hier betrachteten Brennstoffzellenanwendung entspricht der Betriebsdruck annähernd dem Umgebungsdruck, d.h. es ist mit noch geringerer Bildung langkettiger Produkte zu rechnen. Daher wurde das Reaktionsnetz von Abbildung 27 *Mitte* weiter vereinfacht (Abbildung 27 *rechts*)).

Für die Untersuchung des Umsatzverhaltens wurde der kommerzielle Katalysator aufgemahlen. Die in den Versuchen eingesetzten Katalysatorpartikel besitzen Durchmesser zwischen 200 µm und 400 µm.

Insgesamt wurden 6 g Katalysator eingesetzt. Durch Variation der Versuchstemperatur (190 bis 243°C) und der Verweilzeit (τ_{mod} von 0,229 bis 0,747 s g cm^{-3}) wurde das Umsatzverhalten untersucht.

Die erhaltenen Reaktorselektivitäten zeigen bei einem CO-Umsatz größer als 20 %, dass 85 bis 95 % des Methans aus dem Kohlenstoffmonoxid entstehen. Ähnliche Werte werden für die CO-Methanisierung bei 4 bar angegeben [52]. Das restliche Methan wird vermutlich durch die Hydrierung von CO_2 gebildet. Eine genaue Beobachtung der CO_2-Abreaktion war aus messtechnischen Gründen nicht möglich. Die Änderungen der CO_2-Konzentration während der Reaktion, die nach der Kohlenstoffbilanz im Bereich von 0,1 % der Eingangskonzentration liegen, konnten mit dem CO_2-Analysator nicht in der gewünschten Genauigkeit erfasst werden.

Aus dem Reaktionsnetz für 4 bar in Abbildung 27 *Mitte* wurde in [52] das folgende Differentialgleichungssystem entwickelt:

$$-{}^{m}r_{CO} = {}^{m}r_1 + {}^{m}r_3 = \frac{k_1 \cdot K_C \cdot K_H^2 \cdot p_{CO}^{0,5} \cdot p_{H_2}}{\left(1 + K_C \cdot p_{CO}^{0,5} + K_H \cdot p_{H_2}^{0,5}\right)^3} + \frac{k_3 \cdot K_C^2 \cdot p_{CO}}{\left(1 + K_C \cdot p_{CO}^{0,5} + K_H \cdot p_{H_2}^{0,5}\right)^2} \quad \text{(Gl. 55)}$$

$$-{}^{m}r_{CO_2} = {}^{m}r_2 = \frac{k_2 \cdot p_{CO_2}^{0,14}}{\left(1 + K_C \cdot p_{CO}^{0,5}\right)^2} \quad \text{(Gl. 56)}$$

$${}^{m}r_{CH_4} = {}^{m}r_1 + {}^{m}r_2 = \frac{k_1 \cdot K_C \cdot K_H^2 \cdot p_{CO}^{0,5} \cdot p_{H_2}}{\left(1 + K_C \cdot p_{CO}^{0,5} + K_H \cdot p_{H_2}^{0,5}\right)^3} + \frac{k_2 \cdot p_{CO_2}^{0,14}}{\left(1 + K_C \cdot p_{CO}^{0,5}\right)^2} \quad \text{(Gl. 57)}$$

$${}^{m}r_{C_{2+}} = {}^{m}r_3 = \frac{k_3 \cdot K_C^2 \cdot p_{CO}}{\left(1 + K_C \cdot p_{CO}^{0,5} + K_H \cdot p_{H_2}^{0,5}\right)^2} \quad \text{(Gl. 58)}$$

Mit der für 1 bar gemachten Annahme (Bildung von höheren Kohlenwasserstoffen kann vernachlässigt werden) können der Ausdruck für ${}^{m}r_3$ in der (Gl. 55) und die gesamte (Gl. 58) vernachlässigt werden.

Die Konstanten K_C und K_H beschreiben die Adsorptionsgleichgewichte der Katalysatoroberflächenbedeckung mit CO bzw. H_2. Die Werte der Reaktionsgeschwindigkeitskonstanten k_1 und k_2 wurden durch eine numerische Lösung des Gleichungssystems bestimmt. Die Berechnungen erfolgten mit dem Softwareprogramm Matlab® (Anhang C.3 und C.4). Damit ein stabiles Gleichungssystem erhalten werden konnte, wurden die Werte der beiden Koeffizienten K_C und K_H als unabhängig vom Gesamtdruck angenommen. Anhand einer Arrhenius-Auftragung konnten schließlich die Aktivierungsenergien und die Geschwindigkeitskoeffizienten k_0 bestimmt werden. Die experimentell ermittelten Daten können mit dem entwickelten Modell gut abgebildet werden, wie es aus Abbildung 28 ersichtlich ist. Paritätsdiagramme für die CO- und die CH_4-Volumenanteile, sowie die Arrhenius-Auftragungen befinden sich im Anhang C.5.

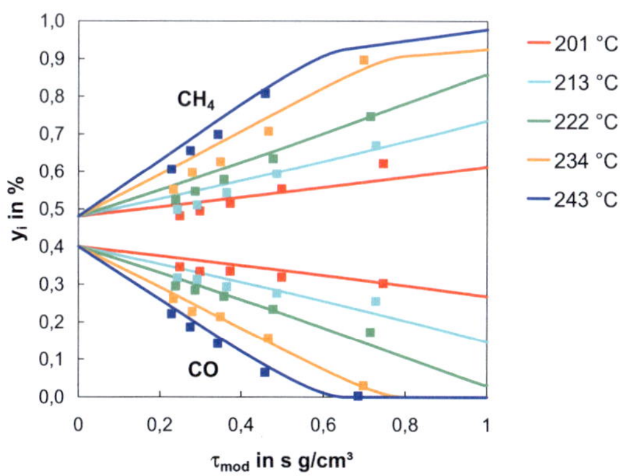

Abbildung 28: Vergleich der Modelldaten der selektiven CO-Methanisierung mit den Messergebnissen (Symbole) [79]. p = 1 bar, $y_{co,0}$ = 0,40, $y_{CH4,0}$ = 0,48, $y_{CO2,0}$ = 16,20, $y_{H2,0}$ = 64,40, $y_{H2O,0}$ = 18,52 (jeweils %)

Die für 1 und für 4 bar ermittelten kinetischen Parameter sind in der Tabelle 18 vergleichend gegenübergestellt. Die scheinbaren Aktivierungsenergien der CO_2-Methanisierung stimmen gut überein. Für die CO-Methanisierung wird in der Literatur eine Aktivierungsenergie von ca. 100 kJ/mol [80] angegeben. Dies stimmt gut mit dem bei 1 bar Gesamtdruck ermittelten Wert überein. Die ermittelten Aktivierungsenergien lassen vermuten, dass die Umsätze nicht durch den Stofftransport limitiert sind. Dies bestätigt die Abschätzung des inneren Stofftransports (Anhang C.8).

Tabelle 18: Kinetische Parameter, ermittelt bei 1 bar und 4 bar

	1 bar [79]	**4 bar** [52]
$k_{0,1}$ in mol/(g·s)	$5{,}7 \cdot 10^{7}$	$1{,}1 \cdot 10^{5}$
$E_{A,1}$ in kJ/mol	97,4	74,4
$k_{0,2}$ in mol/(g·s·bar^{0,14})	$1{,}3 \cdot 10^{8}$	$4{,}1 \cdot 10^{9}$
$E_{A,2}$ in kJ/mol	123,1	121,8
$k_{0,3}$ in mol/(g·s)	---	$2{,}2 \cdot 10^{2}$
$E_{A,3}$ in kJ/mol	---	63,8
K_C in bar$^{-0,5}$	$5{,}5 \cdot 10^{-6}$ *	$5{,}5 \cdot 10^{-6}$
$\Delta_S H_C$ in kJ/mol	-63,5 *	-63,5
K_H in bar$^{-0,5}$	$1{,}6 \cdot 10^{-4}$ *	$1{,}6 \cdot 10^{-4}$
$\Delta_S H_H$ in kJ/mol	-36,2 *	-36,2

*: Werte aus [52] übernommen

6 Verfahrensoptimierung

Im Folgenden soll das Potential einer optimierten Prozessführung bzgl. der Volumenreduzierung der Reaktoren für die CO-Entfernung aufgezeigt werden.

6.1.1 Optimierung der Temperaturführung

Für eine exotherme Reaktion, deren Umsatz durch das thermodynamische Gleichgewicht limitiert ist wie im Fall der *WGS*-Reaktion, kann durch geschickte Temperaturführung Einfluss auf die Reaktionsgeschwindigkeit sowie auf den erreichbaren Umsatzgrad und somit auf die erforderliche Baugröße des Reaktors genommen werden. So bewirkt eine niedrige Reaktionstemperatur eine niedrigere thermodynamisch erreichbare CO-Endkonzentration. Folglich kann die sich an die *WGS*-Stufe anschließende Feinreinigung umso kleiner dimensioniert werden, je niedriger die CO-Endkonzentration der *WGS*-Stufe ist.

Die beobachtbare Umsatzgeschwindigkeit, mit der Kohlenstoffmonoxid mittels der *WGS*-Reaktion zu CO_2 umgesetzt wird, hängt vom Verhältnis der relativen Reaktionsgeschwindigkeiten der Hin- und der Rückreaktion ab (Gl. 35). Je stärker sich die Gaszusammensetzung des Reformats von der Gleichgewichtszusammensetzung unterscheidet, desto größer wird der Einfluss der Reaktionsgeschwindigkeit der Hinreaktion. Die Reaktionsgeschwindigkeit kann zudem durch eine Erhöhung der Temperatur gesteigert werden. Je weiter die Reaktion fortschreitet, umso mehr nähert sich die Gaszusammensetzung der thermodynamischen Gleichgewichtszusammensetzung, und somit gewinnt die Rückreaktion an Einfluss, wodurch die beobachtbare Umsatzgeschwindigkeit abnimmt.

Aus diesen Überlegungen lässt sich eine optimale Reaktionsführung konstruieren, bei der die Reaktanden in Abhängigkeit vom Umsatzgrad so abgekühlt werden, dass das kleinstmögliche Reaktorvolumen erreicht wird. Zur Erläuterung sind in Abbildung 29 beispielhaft drei Kurven konstanter Reaktionsgeschwindigkeit dargestellt, die mit dem Ansatz (Gl. 52), den Exponenten nach Moe und den kinetischen Parametern aus Tabelle 17 berechnet wurden. Diese durchlaufen jeweils ein Maximum, an dem bei der jeweiligen Reaktionsgeschwindigkeit der maximale Umsatzgrad erreicht wird. Werden die jeweiligen Maxima der Kurven konstanter Reaktionsgeschwindigkeit miteinander verbunden, ergibt sich eine Kurve mit der maximalen Raum-Zeit-Ausbeute. Die Raum-Zeit-Ausbeute ist im betrachteten Fall die Menge an umgesetztem Kohlenstoffmonoxid pro Zeit und Volumen des Reaktors.

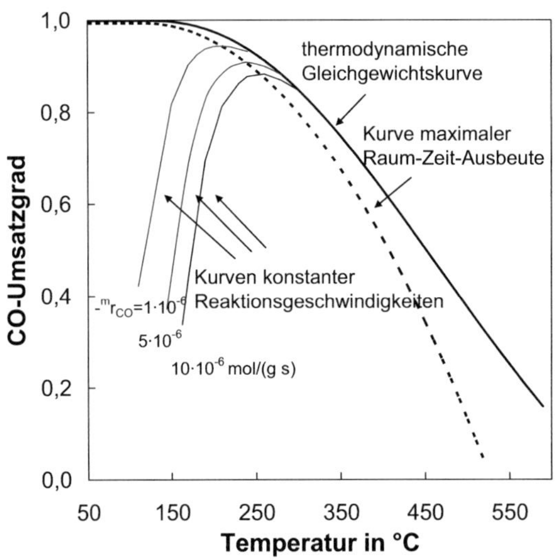

Abbildung 29: Konstruktion der Kurve maximaler Raum-Zeit-Ausbeute der *WGS*-Reaktion

Ein optimierter Prozess für die CO-Entfernung könnte wie folgt aussehen: Das Gas tritt mit der maximalen Temperatur, die noch eine akzeptable Standzeit des Katalysators zulässt, in die CO-Entfernungseinheit ein, wo das CO in der *WGS*-Reaktion selektiv und isotherm bis zum Erreichen der Kurve maximaler Raum-Zeit-Ausbeute umgesetzt wird. Hierfür ist es notwendig, die freiwerdende Reaktionsenthalpie kontrolliert aus dem System abzuführen. Danach wird der Prozess entlang der Kurve maximaler Raum-Zeit-Ausbeute geführt.

Beim großtechnischen Prozess der Wasserstoffherstellung werden die beiden Shift-Reaktoren hingegen adiabat betrieben. Das Gas wird vor dem Eintritt in den zweiten Shift-Reaktor mittels eines Wärmeübertrages abgekühlt (Abbildung 30). Der Prozess wird fernab der optimalen Temperatur geführt. Theoretisch ist es durch eine Erhöhung der Anzahl der adiabat betriebenen Reaktoren mit jeweils nachgeschalteter Gaskühlung möglich, sich der optimalen Temperaturführung beliebig anzunähern. Dem stehen allerdings die unverhältnismäßig hohen Investitionen für die Reaktoren und die Wärmeübertrager entgegen.

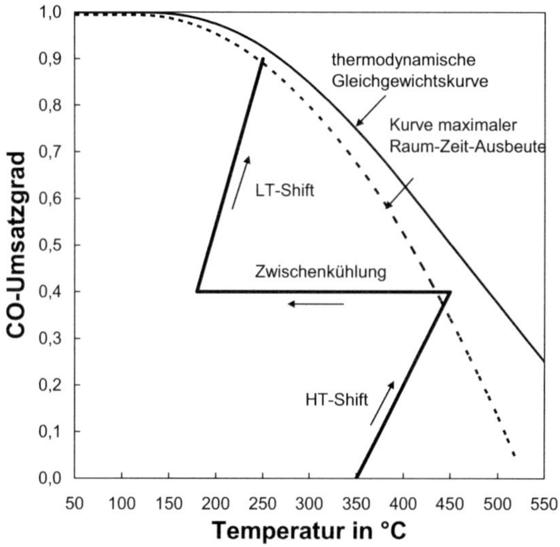

Abbildung 30: Vergleich optimale Temperaturführung mit dem Temperaturverlauf beim technischen Prozess der CO-Entfernung bei der Wasserstoffherstellung

Eine weitere Möglichkeit, die bei der Reaktion freiwerdende Reaktionsenthalpie abzuführen, besteht darin, die Übertragungsfläche des Wärmeübertragers direkt in den Reaktor einzubringen. Ein prominenter Vertreter dieser Bauart ist der Rohrbündelreaktor. Der Katalysator wird hierbei in Rohre, die wie die eines Rohrbündelwärmeübertragers fungieren, eingebracht. Die freiwerdende Reaktionsenthalpie kann so über die Rohrwand an ein Kühlmedium abgegeben werden. Das sich ausbildende Temperaturprofil entlang des Rohres wird maßgeblich durch die Kühlmittelstromrichtung beeinflusst. Dies ist in Abbildung 31 für die Kühlung im Gleich- und im Gegenstrom schematisch dargestellt.

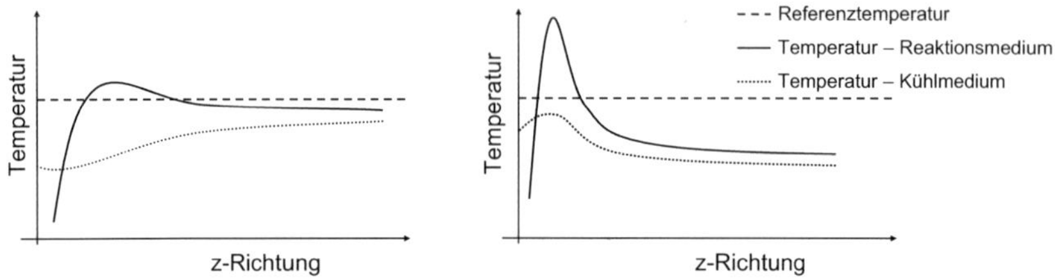

Abbildung 31: Abhängigkeit der Temperaturprofile von der Strömungsführung des Kühlmediums. ***Links:*** Kühlung im Gleichstrom. ***Rechts:*** Kühlung im Gegenstrom (nach [81])

Bei technischen Methanolsynthesereaktoren kommen sowohl Rohrbündelreaktoren als auch Hordenreaktoren (adiabte Reaktoren mit Zwischenkühlung) zum Einsatz. In Abbildung 32 sind die beiden Reaktortypen mit den jeweiligen Temperaturverläufen und den Methanol-Bildungsraten dargestellt.

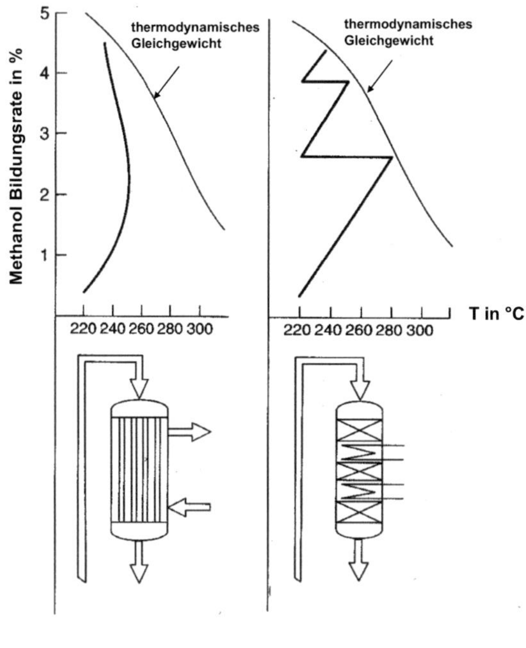

Abbildung 32: Möglichkeiten zur Abführung der bei der Methanolsynthese freiwerdenden Reaktionsenthalpie. ***Links:***. Rohrbündelreaktor, mit Siedewasserkühlung im Gegenstrom. ***Rechts:*** Hordenreaktor [82]

6.1.2 Konzepte zur technischen Umsetzung der Temperaturführung

Von den großtechnischen Reaktorkonzepten (Abbildung 32) lassen sich für Waben-Reaktoren verschiedene Konfigurationen ableiten. Abbildung 33 *links* zeigt einen adiabaten Hordenreaktor mit Zwischenkühlung. Durch Erhöhung der Anzahl der hintereinander geschalteten Waben-, Kühl- und Heizsegmente lässt sich das Temperaturprofil beliebig nah an das gewünschte anpassen. Da die Wabenkanäle über ihre Wände miteinander verbunden sind, kann die Reaktionsenthalpie außerdem durch Wärmeleitung radial und axial über die Wabenstruktur abgeführt werden. Hieraus ergibt sich die Möglichkeit, das Temperaturprofil entlang des Reaktors durch Kühlung des Außenmantels und/oder über in die Wabe eingebrachte Kühlkanäle zu beeinflussen (Abbildung 33 *Mitte* und *rechts*).

Abbildung 33: Reaktorkonzepte basierend auf Wabenträgern. ***Links:*** adiabater Hordenreaktor mit Zwischenkühlung. ***Mitte:*** Wabenreaktor mit Kühlung über den Außenmantel. ***Rechts:*** Wabenreaktor mit Kühlung über Außenmantel und über Kühlkanäle

In Abbildung 34 ist schematisch das radiale Temperaturprofil eines über die Wand gekühlten Reaktionskanals in einer Wabe vereinfacht dargestellt. Die Reaktion findet in der dünnen, direkt auf der Kanalwand aufgebrachten Katalysatorschicht statt. Die Edukte diffundieren aus der Gasphase an die Katalysatoroberfläche, dort in die Katalysatorporen und reagieren an den aktiven Zentren zu den Produkten. Bei der *WGS*- und auch bei der Methanisierungsreaktion wird Reaktionsenthalpie frei, die zu einer lokalen Temperaturerhöhung in der Katalysatorschicht führt.

In herkömmlichen Katalysatorschüttungen ist der Wärmetransport durch Wärmeleitung zwischen den Katalysatorkörnern aufgrund der geringen Kontaktfläche vernachlässigbar. Daher wird in ungeordneten Schüttungen Wärme radial primär durch Konvektion der Gasphase transportiert. Diese Art von Wärmetransport kann bei Wabenstrukturen, die aus parallelen Kanälen aufgebaut sind, nicht auftreten.

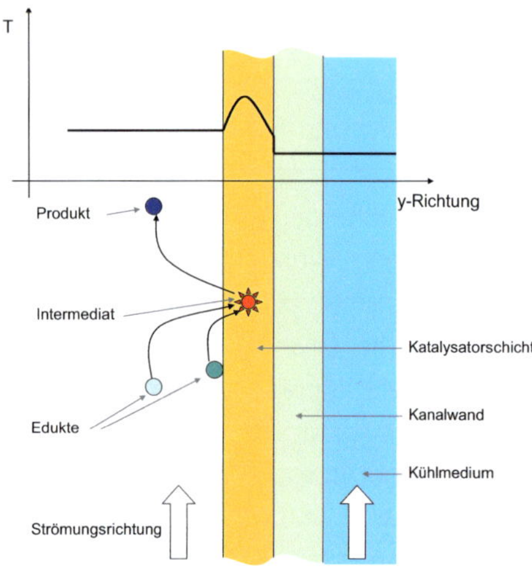

Abbildung 34: Schematische Darstellung des radialen Temperaturprofils und der ablaufenden Vorgänge

Die effektive radiale Wärmeleitfähigkeit Λ_{radial} ist von der Geometrie der Kanalquerschnitte der Wabenstruktur abhängig. Für Wabenstrukturen mit quadratischen Kanalquerschnitten kann die effektive radiale Wärmeleitfähigkeit Λ_{radial} nach [83][84] mit

$$\Lambda_{radial} = \lambda_{Werkstoff} \left(\left(1-\sqrt{\Psi-\varepsilon}\right) + \frac{\sqrt{\Psi+\varepsilon}-\sqrt{\Psi}}{\left(1-\sqrt{\Psi+\varepsilon}\right)+\frac{\lambda_{Washcoat}}{\lambda_{Werkstoff}}\sqrt{\Psi+\varepsilon}} + \frac{\sqrt{\Psi}}{\left(1-\sqrt{\Psi+\varepsilon}\right)+\frac{\lambda_{Washcoat}}{\lambda_{Werkstoff}}\left(\sqrt{\Psi+\varepsilon}-\sqrt{\Psi}\right)+\frac{\lambda_{Gas}}{\lambda_{Werkstoff}}\sqrt{\Psi}} \right)^{-1} \quad \text{(Gl. 59)}$$

abgeschätzt werden. Bei Nichtberücksichtigung der Porosität ε des Washcoats und der Wärmeleitfähigkeit λ_{Gas} des Fluids vereinfacht sich (Gl. 59) wie folgt:

$$\Lambda_{radial} = \lambda_{Werkstoff} \left(\left(1-\sqrt{\Psi}\right) + \frac{\sqrt{\Psi}}{\left(1-\sqrt{\Psi}\right)} \right)^{-1} \quad \text{(Gl. 60)}$$

Für die Fertigung von Wabenstrukturen sind verschiedene Werkstoffe denkbar. Eine Auswahl zeigt Tabelle 19 mit den jeweiligen Wärmeleitfähigkeiten. Mit (Gl. 60) wurde die Abhängigkeit der radialen effektiven Wärmeleitfähigkeit Λ_{radial} vom Leerraumanteil für die verschiedenen Werkstoffe abgeschätzt (Abbildung 35).

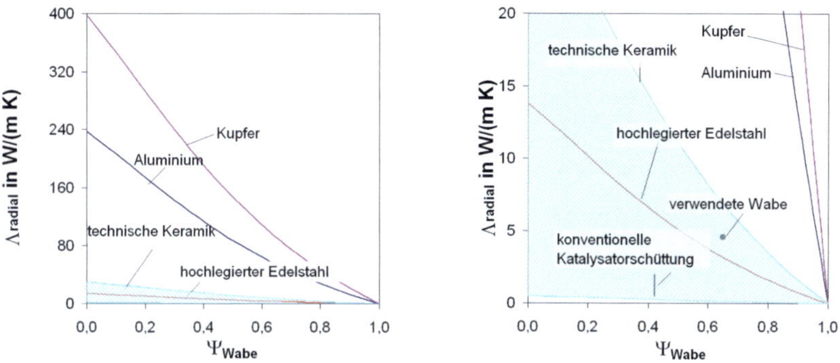

Abbildung 35: Einfluss des Wabenmaterials und des Leerraumanteils auf die effektive radiale Wärmeleitfähigkeit einer Wabe mit quadratischen Kanälen. ***Rechts*** ist ein Ausschnitt von ***links***

Die effektive radiale Wärmeleitfähigkeit Λ_{radial} herkömmlicher Katalysatorschüttungen liegt im Bereich von 0,5 bis 2 W/(m·K) [81]. Im Vergleich hierzu ist bei Wabenstrukturen bei gleichem Leerraumanteil die effektive radiale Wärmeleitfähigkeit Λ_{radial} bei Verwendung von Kupfer um 2 bis 3 Größenordnungen höher (Tabelle 19). Hierdurch ergibt sich bei Rohrbündelreaktoren unter Verwendung von Waben aus gut wärmeleitenden Werkstoffen im Vergleich zu herkömmlichen Katalysatorschüttungen die Möglichkeit, den Durchmesser der Reaktionsrohre (Hüllrohre für die Waben) erheblich zu erhöhen. Dadurch nimmt die Anzahl der für eine bestimmte Leistung benötigten Reaktionsrohre ab, was zu einer Minderung der Herstellkosten für den Reaktor führt. Der Vergleich der effektiven radialen Wärmeleitfähigkeit Λ_{radial}, des in dieser Arbeit verwendeten Wabenwerkstoffes mit Waben gleichen Leerraumanteils aus anderen Werkstoffen zeigt ein noch erhebliches Verbesserungspotential (Tabelle 19).

Tabelle 19: Vergleich der Wärmeleitfähigkeiten von Werkstoffen und der effektiven Wärmeleitfähigkeiten von Katalysatorsystemen

	Katalysator-schüttung [81]	**Verwendete Wabe***	**Unbeschichtete Waben (mögliche Werkstoffe)**			
			Kupfer [85]	**Aluminium** [85]	**hochlegierter Stahl** [85]	**technische Keramik** [86]
$\lambda_{Werkstoff}$ **in W/(m K)**	0,5 - 30	20**	398	237	13,8	0,5 – 30
Λ_{radial} **in W/(m K) bei** $\Psi = 0,42$	0,5 - 2	-	181,5	108,0	6,3	0,2 – 13,7
Λ_{radial} **in W/(m K) bei** $\Psi = 0,65$	-	4,6	91,4	54,4	3,2	0,1 – 6,9

* Werkstoff: DIN 1.4767 mit γ-Al_2O_3- Washcoat

**siehe Anhang D.2

Die effektive axiale Wärmeleitfähigkeit Λ_{axial} einer Wabenstruktur kann mit

$$\Lambda_{axial} = \lambda_{Werkstoff}(1-\Psi) \qquad \text{(Gl. 61)}$$

abgeschätzt werden [83]. Wie aus Abbildung 36 hervorgeht, ist Λ_{axial} bei einem Leerraumanteil ungleich Null immer größer als Λ_{radial}. Mit zunehmendem Leerraumanteil nimmt der Absolutwert der Λ_{radial} schneller ab, als der von Λ_{axial}. Dies führt dazu, dass die durch eine exotherme Reaktion verursachten lokalen Temperaturspitzen verstärkt in axialer Richtung abgebaut werden können, wodurch praktisch Isothermreaktoren realisiert werden. Zum Beispiel ist bei einem Leerraumanteil von 0,42 die axiale effektive Wärmeleitfähigkeit Λ_{axial} rund 30 % und bei einem Leerraumanteil von 0,65 sogar schon rund 50 % größer als Λ_{radial}.

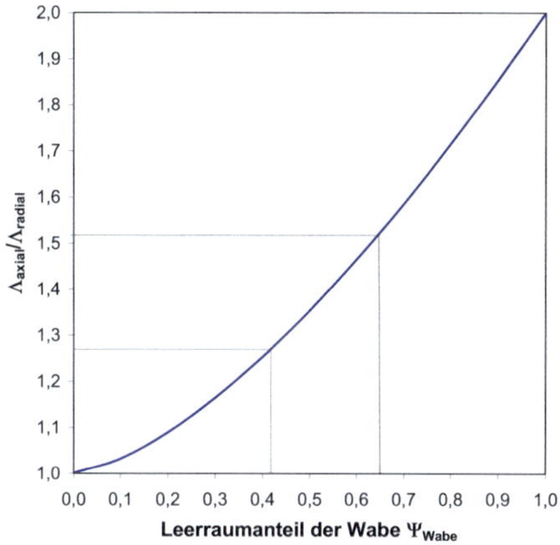

Abbildung 36: Einfluss des Leerraumanteils auf das Verhältnis der effektiven radialen Wärmeleitfähigkeit Λ_{radial} zur axialen Wärmeleitfähigkeit Λ_{axial}

6.2 Vergleich der Druckverluste von Wabe und herkömmlicher Festbettschüttung

Um den Druckverlust eines Wabenreaktors mit dem einer herkömmlichen Festbettschüttung vergleichen zu können, werden im Folgenden Design-Parameter analog zu [87] festgelegt.

Es wird davon ausgegangen, dass die Länge *L* und der äußere Durchmesser *D* der Wabe gleich denen der Festbettschüttung sind. Beide Reaktoren sollen den gleichen Leerraumanteil besitzen (Abbildung 37).

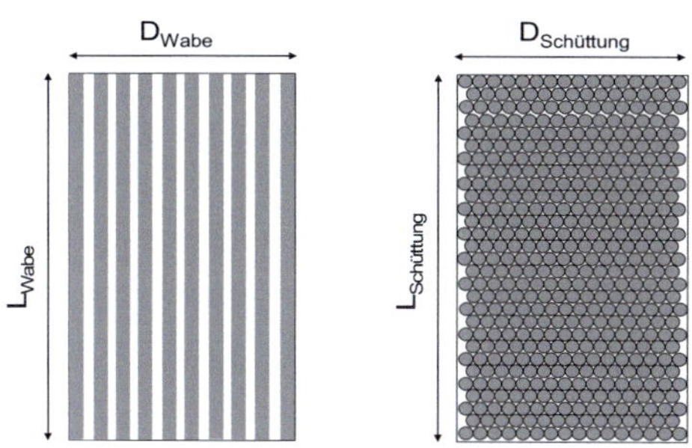

Abbildung 37: Schematische Darstellung der Wabe und der Festbettschüttung

Wenn zwischen dem Partikeldurchmesser d_P und dem Kanaldurchmesser d_{Kanal} die Beziehung:

$$d_P = 1{,}5 \cdot \frac{1-\Psi}{\Psi} \cdot d_{Kanal} \qquad \text{(Gl. 62)}$$

eingehalten wird, besitzen beide Anordnungen die gleiche Verweilzeit, sowie die gleiche geometrische Oberfläche pro Reaktorvolumen. Es wird zudem davon ausgegangen, dass die Aktivität des Katalysators, sowie dessen Schichtdicke in beiden Reaktoren gleich sind. Somit ist in beiden Reaktoren ungefähr die gleiche Katalysatormasse enthalten.

Zur Berechnung des Druckverlusts wird als durchströmendes Fluid Luft bei einer Temperatur von 300 °C und bei einem Druck von 1 bar betrachtet. Der Kanaldurchmesser beträgt 1 mm. Die maximale Leerrohrgeschwindigkeit soll 10 m/s nicht überschreiten. Unter diesen Bedingungen liegt ein laminares Strömungsprofil vor. Beim Vorliegen einer laminaren Strömung kann der Druckverlust nach [88] für Kanäle mit (Gl. 63) abgeschätzt werden:

$$\Delta p = \phi \cdot 32 \frac{\eta \cdot u}{d_{Kanal}^2} \cdot L_{Wabe} \qquad \text{(Gl. 63)}$$

Φ ist hierbei ein geometrischer Faktor. Dieser ist für kreisförmige Kanäle gleich 1. Für viereckige Kanäle kann Φ mit der empirischen (Gl. 64) berechnet werden [88].

$$\phi = 0{,}8735 + 0{,}6265 \cdot \exp\left(-3{,}636 \cdot \frac{e}{b}\right) \qquad \text{(Gl. 64)}$$

Das Verhältnis e/b stellt hierbei das Verhältnis von Breite zu Höhe des Kanals dar. Für die Abschätzung des Druckverlusts einer Festbettschüttung kann die von Brauer an experimentelle Daten angepasste modifizierte Ergun-Gleichung (Gl. 65) verwendet werden [88].

$$\frac{\Delta p}{\Delta L} = 160 \frac{(1-\Psi)^2}{\Psi^3} \frac{\eta_{Gas} \cdot u}{\bar{d}_p^2} + 3{,}1 \frac{1-\Psi}{\Psi^3} \frac{\rho_{gas} u^2}{\bar{d}_p} \left[\frac{\eta_{Gas}(1-\Psi)}{\rho_{Gas} u \bar{d}_p}\right]^{0,1} \qquad \text{(Gl. 65)}$$

Die Gleichung gilt für Einkornkugelschüttungen (bestehend aus gleich großen kugelförmigen Partikeln). Die Rechenergebnisse zeigen (Abbildung 38), dass der Druckverlust der Katalysatorschüttung im Vergleich zu dem der Waben um etwa 1 bis 2 Größenordnungen höher liegt. Im dargestellten Bereich liegt laminare Strömung vor, somit kann die Rauigkeit der Partikeln bzw. der Kanalwände vernachlässigt werden (siehe Anhang E).

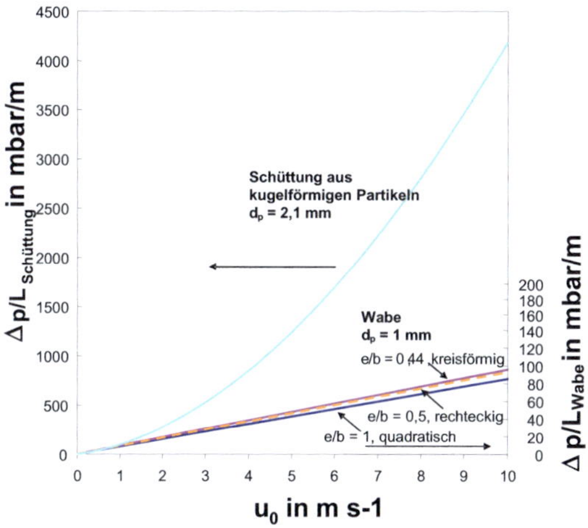

Abbildung 38: Vergleich des Druckverlusts einer Schüttung aus Kugeln (d_P = 2,1 mm) mit dem von Waben unterschiedlicher Kanalgeometrien (d_{Kanal} = 1 mm) bei verschiedenen Strömungsgeschwindigkeiten. Fluid = Luft, p = 1 bar, Ψ = 0,42, ϑ = 300 °C. Re_{Kanal} < 200, $Re_{Schüttung}$ < 1000

6.3 Verweilzeitverteilung

Eine breite Verweilzeitverteilung der Gasteilchen im Reaktionsstrom wirkt sich nachteilig auf den Umsatz aus. Um eine hohe Reaktoreffizienz zu gewährleisten, sollte daher die Verweilzeitverteilung des Reaktionsmediums im Reaktor möglichst schmal sein. In einem idealen Strömungsrohrreaktor liegt eine Kolbenströmung vor, die Verweilzeitverteilung ist infinitesimal schmal und jedes eintretende Gasvolumenelement verlässt den Reaktor nach der selben Zeit. Die Reaktion ist folglich in jedem den Reaktor verlassenden Volumenelement gleich weit fortgeschritten. Der Grund für die Abweichung von der idealen Kolbenströmung in der Praxis liegt in der Rückvermischung, der Strähnenbildung, sowie der Ausbildung von Zonen, in denen das Reaktionsmedium stagniert. Die Bodenstein-Zahl *Bo* ermöglicht eine Abschätzung, ob es bei einem realen Reaktor zu einer merklichen Abweichung von der Kolbenströmung kommt.

$$Bo = \frac{u_0 \cdot L}{D_{ax}} \qquad \text{(Gl. 66)}$$

Für Bo = 0 ergibt sich der ideale Rührkesselreaktor und für Werte von Bo > 100 kann von einem idealen Strömungsrohrreaktor ausgegangen werden. Für einen aus parallelen Kanälen aufgebauten Wabenreaktor muss die Bodenstein-Zahl sowohl im einzelnen Kanal als auch für den gesamten Reaktor betrachtet werden.

Der axiale Dispersionskoeffizient wird für eine laminare Strömung im kreisförmigen Kanal nach Taylor [89] und Aris [90] berechnet:

$$D_{axial} = D_{i,j} + \frac{u^2 \cdot d_{Kanal}^2}{192 \cdot D_{i,j}}, \qquad 1 < Re < 2000 \qquad \text{(Gl. 67)}$$

Durch Umformen von (Gl. 66) und Einsetzen von (Gl. 67) und mit der Verweilzeit $\tau = \frac{L_{Kanal}}{u}$ ergibt sich die Bodenstein-Zahl Bo_{Kanal} für einen Kanal, wie folgt:

$$\frac{1}{Bo_{Kanal}} = \frac{D_{i,j} \cdot \tau}{L_{Kanal}^2} + \frac{d_{Kanal}^2}{192 \cdot D_{i,j} \cdot \tau} \qquad \text{(Gl. 68)}$$

In Abbildung 39 sind die Ergebnisse der Abschätzung der Bodenstein-Zahlen Bo_{Kanal} mit Gleichung (Gl. 68) dargestellt. Es wurde aufgrund des Umstandes, dass die Länge der Kanäle eines Wabenreaktors in der Regel um zwei Größenordnungen größer ist als deren Durchmesser, für die Berechungen $10^2 \cdot d_{Kanal} = L_{Kanal}$ sowie ein Diffusionskoeffizient des Gases von $D_{i,j} = 3 \cdot 10^{-5}$ m²/s zu Grunde gelegt. Die axiale Dispersion kann im grau hinterlegten Bereich in Abbildung 39 vernachlässigt werden.

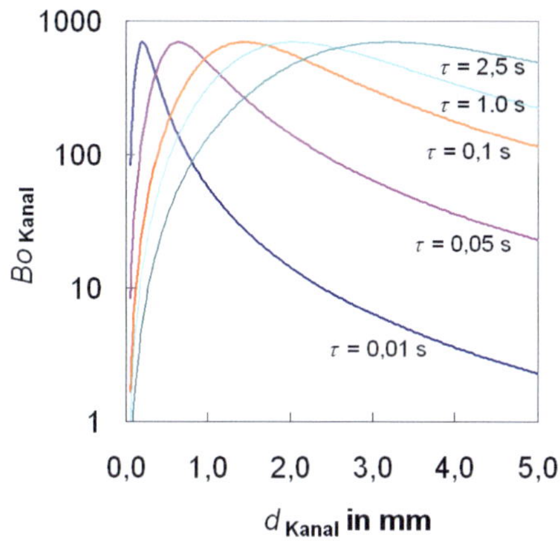

Abbildung 39: Bodenstein-Zahl Bo_{Kanal} bei verschiedenen Verweilzeiten in Abhängigkeit vom Kanaldurchmesser. Den Berechnungen mit (Gl. 68) wurde $10^2 \cdot d_{Kanal} = L_{Kanal}$ zugrunde gelegt. *grau hinterlegt*: Bereich bei dem die axiale Dispersion D_{ax} vernachlässigbar werden kann

Um eine hohe Selektivität und einen hohen Umsatz in einem aus parallelen Kanälen aufgebauten Wabenreaktor zu erreichen, ist es erforderlich, dass das Reaktionsmedium mit gleicher Geschwindigkeit durch alle Kanäle strömt. Dies setzt sowohl ein gleichmäßig ausgebildetes Strömungsprofil vor dem Wabenreaktor voraus, als auch dass der Strömungsquerschnitt bzw. der Strömungswiderstand aller Kanäle möglichst gleich groß ist.

Wenn die Anzahl der Kanäle groß ist (N > 30), und deren Durchmesser normal verteilt sind, kann deren Standardabweichung $\sigma_{d,Kanal}$ berechnet werden. Mittels der relativen Standardabweichung $\hat{\sigma}_{d,Kanal} = \sigma_{d,Kanal} / \bar{d}_{Kanal}$ kann mit (Gl. 69) der Einfluss der Verteilung der Kanaldurchmesser auf den Gesamtdruckverlust der Wabe abgeschätzt werden [87].

$$\Delta p = \frac{128 \cdot \eta \cdot^{V} \Phi \cdot L_{Wabe}}{\pi \cdot N \cdot \bar{d}^{4}_{Kanal} \cdot \left(1 + 6\hat{\sigma}^{2}_{d,Kanal}\right)} \quad \text{(Gl. 69)}$$

Wie aus (Gl. 69) zu ersehen ist, führt eine Verbreiterung der Kanaldurchmesserverteilung zu einer Abnahme des Druckverlusts. Wenn der Druckverlust über die Wabe für alle Kanäle gleich ist, führt dies zwischen Kanälen unterschiedlichen Durchmessers zu unterschiedlichen Verweilzeiten.

Analog zu einem Rohrreaktor mit axialer Dispersion führt eine Stoßmarkierungssubstanz vor einem Wabenreaktor beim Vorliegen unterschiedlicher Verweilzeiten in den Kanälen zu einem verbreiterten Antwortsignal. Obwohl sich die Ursache in beiden Fällen unterscheidet, kann aus der Verbreiterung des Antwortsignals die Bodenstein-Zahl auch für einen Wabenreaktor abgeschätzt werden.

Die Lösung der Dirac-Funktion für den beidseitig offenen Rohrreaktor ist mit der relativen Standardabweichung $\hat{\sigma}_\tau = \sigma_\tau / \bar{\tau}$ der Verweilzeit gleich:

$$\hat{\sigma}_\tau^2 = \frac{2}{Bo}$$ (Gl. 70) [91]

In erster Näherung gilt: $\hat{\sigma}_\tau \cong 2\hat{\sigma}_{d,Kanal}$ [92]. Es ergibt sich mit der relativen Standardabweichung $\hat{\sigma}_{d,Kanal} = \sigma_{d,Kanal} / \bar{d}_{Kanal}$ der Kanaldurchmesser die Bodenstein Zahl Bo_{Wabe} des Wabereaktors:

Wenn die relative Standardabweichung $\hat{\sigma}_d = \sigma_d / \bar{d}_{Kanal}$ kleiner oder gleich 0,07 ist und

$$Bo_{Wabe} \cong \frac{d_{Kanal}^2}{2\sigma_{d,Kanal}^2}$$ (Gl. 71) [92]

die Bodenstein-Zahlen Bo_{Kanal} aller Kanäle größer oder gleich 100 sind, kann der Wabenreaktor mit dem Modell eines idealen Strömungsrohrreaktor beschrieben werden.

Das in Abbildung 44 gezeigte Strömungsfeld einer in dieser Arbeit verwendeten Wabe lässt allerdings vermuten, dass dieses nicht mit der Modellvorstellung eines idealen Strömungsrohrreaktors vereinbar ist.

6.4 Anforderungen und Potential der Wabenreaktoren

Im Vergleich zu den in der Technik zum Einsatz kommenden Reaktoren auf Basis von Katalysatorschüttungen sind durch das Verwenden von Wabenträgern erhebliche Verbesserungen zu erwarten. Zum Beispiel kann über das Material, aus dem die Waben gefertigt sind, als auch über den Leerraumanteil der radiale Wärmetransport beeinflusst werden (Abbildung 35).

Für einen hohen Gesamtumsatz ist es erforderlich, dass der Druckverlust bei vorgegebenem Volumenstrom im Rohr über alle Rohre (Kanäle) möglichst eng verteilt ist, da es ansonsten zu einer unvorteilhaft breiten Verweilzeitverteilung der Reaktanden kommt. Beim Einsatz von Rohrbündelreaktoren muss deshalb auf eine gleichmäßige Befüllung der einzelnen Reaktionsrohre mit Katalysatormaterial geachtet werden, was eine besondere Herausforderung darstellt. Bei der Verwendung von Wabenträgern ist demgegenüber darauf zu achten, dass Träger mit gleicher Kanalanzahldichte, gleich langen Kanälen sowie mit möglichst enger Kanaldurchmesserverteilung verwendet werden. In beiden Fällen ergibt sich dann eine enge Verweilzeitverteilung.

Da in der Regel der direkte Kontakt mit Katalysatoren gesundheitsschädlich ist, bieten die Waben im Vergleich zu losen Katalysatoren den Vorteil, dass Personen die mit ihnen hantieren, weniger aufwändig geschützt werden müssen. Der Druckverlust der Waben ist bezogen auf die Packungshöhe in der Regel um ein bis zwei Größenordnungen geringer als der einer vergleichbaren Katalysatorschüttung.

In Tabelle 20 sind die geometrischen Parameter der in dieser Arbeit verwendeten kommerziellen Katalysatortabletten und der Waben vergleichend gegenüber gestellt. Das Oberflächen/Volumen-Verhältnis $A_{Geo}/V_{Packung}$ ist bei den Waben annährend doppelt so groß, wie bei den Katalysatorschüttungen. Bei den in der Automobilindustrie verwendeten Waben, mit Kanaldichten von 400 cpsi bis 600 cpsi, liegt dieses Verhältnis sogar bei 2850 m^2/m^3 bzw. 3450 m^2/m^3 und ist damit drei- bis viermal so groß. Setzt man voraus, dass eine Reaktion in einer Katalysatorschüttung bei vergleichbaren Bedingungen abläuft wie in einer Katalysatorwabe, d.h. mit gleicher auf die aktive Oberfläche bezogener Verweilzeit und bei gleicher Temperatur, und dass die Reaktion nicht durch Stofftransportwiderstände limitiert ist, wird aufgrund des höheren Oberflächen/Volumen-Verhältnisses $A_{Geo}/V_{Packung}$ ein erheblich geringeres Reaktorvolumen für die selbe Leistung benötigt.

Tabelle 20: Vergleich geometrischer Parameter der in dieser Arbeit verwendeten Katalysatorwaben und -schüttungen

		verwendete Wabe	Katalysatorschüttung	
			WGS	Methanisierung
$A_{Geo}/V_{Packung}$	m²/m³	1465	887	781
Ψ	---	0,65	0,42	0,41
L_{Wand}	m	$200\ 10^{-6}$	---	---
$d_{h,Kanal}$	m	$1{,}63\ 10^{-3}$	---	---
d_{Korn}	m	---	$5\ 10^{-3}$	$4{,}5\ 10^{-3}$
L_{Korn}	m	---	$3\ 10^{-3}$	$4{,}5\ 10^{-3}$

6.5 Wärmeträgermedium

Die Betriebstemperaturen der *WGS*- und der Methanisierungsstufe liegen zwischen 200 und 300 °C. Für eine effektive Temperaturkontrolle entlang des Reaktors sollte die Temperatur des Wärmeträgermediums nahe der gewünschten Katalysatortemperatur liegen [81]. Zum problemlosen Anfahren des *BZH* ist es erforderlich, dass das Wärmeträgermedium noch bei einer Temperatur von ca. 10 °C einsetzbar ist. Andererseits sollte es ohne Degradation bis 300 °C einsetzbar sein. Damit sich die Temperatur des Wärmträgermediums durch die Aufnahme der abzuführenden Reaktionsenthalpie nicht zu stark ändert, sollte dessen Wärmekapazität erheblich größer sein als die des zu kühlenden Reaktionsmediums.

Die typischen Wärmeträgermedien Wasser und Wasserdampf kommen aufgrund der hohen Temperatur, die erforderlich ist, nicht in Frage. Wasserdampf ist zwar bis 310 °C einsetzbar, hierfür sind allerdings Drücke bis 100 bar notwendig, was bei der betrachteten Anwendung aus sicherheitstechnischen Aspekten inakzeptabel ist.

Für den betrachteten Temperaturbereich kommen synthetische und auf Mineralöl basierende Wärmeträgermedien in Frage. In Abbildung 40 sind die Werte der spezifischen Wärmekapazitäten $c_{p,spez}$ und der Dichten ρ eines synthetischen Wärmeträgermediums (*BP Olex WF 0801*, Dibenzyltoluolen), eines Wärmeträgermediums auf Mineralölbasis (*Aral Farolin U)* und von Luft stellvertretend für das Reaktionsmedium im interessierenden Temperaturbereich dargestellt.

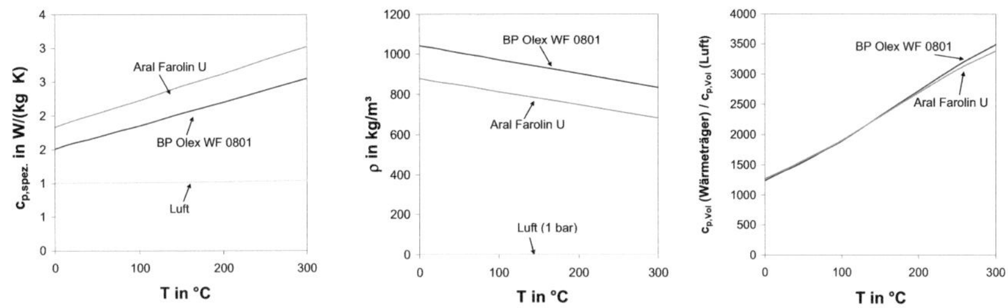

Abbildung 40: Vergleich der Stoffdaten [93] zweier Wärmeträgermedien (synthetisch (*BP Olex WF 0801*, Dibenzyltoluolen) und auf Mineralölbasis (*Aral Farolin U*)) mit denen von Luft. ***Links:*** massebezogene Wärmekapazität. ***Mitte:*** Dichte. ***Rechts:*** Verhältnis der volumenbezogenen Wärmekapazitäten

Bei einem Druck von 1 bar ist die volumenbezogene Wärmekapazität $c_{p,Vol}$ des Wärmeträgermediums gegenüber der des Reaktionsmediums über den gesamten Temperaturbereich um 3 Größenordnungen höher (Abbildung 40 *rechts*). Somit kann sichergestellt werden, dass es durch die Aufnahme der Reaktionsenthalpie zu keinem starken Anstieg der Wärmeträgertemperatur kommt und dadurch die Temperatur im Reaktor gut kontrolliert werden kann.

7 Strömungsmechanische Modellierung der Wabenreaktoren

Da die Strömungsverhältnisse einen großen Einfluss auf die Verweilzeitverteilung und auf die örtliche Konzentrationsverteilung im Reaktor haben, wurde die metallische Wabe im Durchströmungsrohrreaktor strömungsmechanisch mit dem CFD-Programm FLUENT® [94] modelliert. Die strömungsmechanischen Modelle wurden durch Vergleich mit gemessenen Druckverlusten validiert.

7.1 Grundlagen der *CFD*-Modellierung

Die Modellierung von Strömungsphänomenen, die den Gesetzen der Kontinuumsmechanik gehorchen, basiert auf der Lösung der Massen-, Impuls- und Energiebilanzen [95][96]. Die rechnerunterstützte Modellierung, auch *CFD*-Modellierung genannt (Computational Fluid Dynamics), löst diese Bilanzgleichungen numerisch für einzelne Volumenelemente, in die der vorgegebene Bilanzraum unterteilt wird [97].

7.1.1 Bilanzgleichungen

7.1.1.1 Kontinuitätsgleichung

Die zeitliche Änderung der Masse innerhalb eines Volumenelements entspricht der Differenz aus eintretenden und austretenden Massenströmen. Für alle drei Raumrichtungen ergibt sich daraus die Kontinuitätsgleichung:

$$\frac{\partial \rho}{\partial t}+\frac{\partial(\rho \cdot u)}{\partial x}+\frac{\partial(\rho \cdot v)}{\partial y}+\frac{\partial(\rho \cdot w)}{\partial z}=0 \qquad \text{(Gl. 72)}$$

7.1.1.2 Impulsbilanz

Ausgangspunkt ist eine Kräftebilanz für alle an einem Volumenelement angreifenden Kräfte. Als Kräfte wirken Druckkräfte, Reibungskräfte und aufgeprägte Feldkräfte wie Schwerkraft, elektrische und magnetische Kräfte. Reibungskräfte resultieren aus der Zähigkeit von realen Fluiden und werden in Normal- und Schubspannungen unterschieden. Einen Zusammenhang zwischen den Spannungen und der Deformierungsbewegung liefert der Boussinesq-Ansatz [98]. Unter Berücksichtigung von Druckkräften, von Normal- und von Schubspannungen sowie der Schwerkraft ergeben sich die Navier-Stokes-Gleichungen. Für eine instationäre, laminare und kompressible Strömung lautet diese für die x-Richtung [97]:

$$\rho \cdot \left(\frac{\partial u}{\partial t} + u \cdot \frac{\partial u}{\partial x} + v \cdot \frac{\partial v}{\partial y} + w \cdot \frac{\partial w}{\partial z} \right) = f_{Grav} - \frac{\partial p}{\partial x} + \frac{\partial}{\partial x}\left[\mu \cdot \left(2 \cdot \frac{\partial u}{\partial x} - \frac{2}{3} \cdot (\nabla \cdot \vec{v}) \right) \right] + \frac{\partial}{\partial y}\left[\mu \cdot \left(\frac{\partial v}{\partial x} + \frac{\partial u}{\partial y} \right) \right] + \frac{\partial}{\partial z}\left[\mu \cdot \left(\frac{\partial u}{\partial z} + \frac{\partial w}{\partial x} \right) \right] \qquad \text{(Gl. 73)}$$

7.1.1.3 Energiebilanz

Der thermische Energieinhalt eines Volumenelements kann einerseits durch konvektive und konduktive Transportvorgänge, anderseits durch Quell- oder Senkenterme geändert werden. Als Quellterm wird hier nur die Wärmetönung einer exothermen chemischen Reaktion berücksichtigt. Die Energiebilanz lautet in differentieller Schreibweise:

$$\frac{\partial(\rho \cdot c_P \cdot T)}{\partial t} = -\nabla(\rho \cdot c_P \cdot \vec{v} \cdot T) - \nabla(-\lambda \cdot \nabla T) + \rho \cdot q_{Quell} \qquad \text{(Gl. 74)}$$

7.1.1.4 Diskretisierung

Da die meisten der hier benutzten Differentialgleichungen nicht analytisch gelöst werden können, werden sie für eine numerische Lösung in algebraische Gleichungen umgewandelt. Dazu werden für den zu betrachtenden Bilanzraum Stützstellen generiert, an denen später die algebraischen Gleichungen gelöst werden. FLUENT® verwendet das Finite-Volumen-Verfahren zur Diskretisierung, bei dem die Bilanzgleichungen über die jeweiligen Volumenelemente integriert werden. Für die Energiegleichung im stationären Fall ergibt sich:

$$\int_V div(\rho \cdot c_V \cdot T) \cdot dV = \int_V div(\lambda \cdot grad(T)) \cdot dV + \int_V \rho \cdot q_{Quell} \cdot dV \qquad \text{(Gl. 75)}$$

Die Volumenintegrale für die beiden Transportterme werden mit dem Satz von Gauß in Oberflächenintegrale umgewandelt [97].

7.1.1.5 *CFD*-Programm FLUENT®

Die Modellierung mit Hilfe von *CFD*-Programmen gliedert sich in folgende drei Schritte:

I. Preprocessing
II. Simulation
III. Postprocessing

Beim Preprocessing wird zunächst die Geometrie des zu betrachtenden Berechnungsgebiets erstellt, danach erfolgt die Vernetzung, d.h. die Aufteilung des Berechnungsgebiets in diskrete Teilbereiche. Diese Arbeitsschritte werden mit dem Programm GAMBIT® durchgeführt [99]. Anschließend werden die Geometrie samt Rechennetz in FLUENT® eingelesen, die anzuwendenden Berechnungsmodelle und Randbedingungen ausgewählt und die Berechnung durchgeführt. In FLUENT® stehen zwei Gleichungslöser (coupled, segregated) zur Auswahl, die die zu lösenden Bilanzgleichungen nacheinander oder parallel lösen. Zudem lässt sich die Genauigkeit der Rechnung mit verschiedenen Methoden erhöhen [100]. Eine Berechnung gilt als konvergiert, wenn die Änderungen der berechneten Größen mit fortschreitender Iterationszahl ausreichend klein sind. Im abschließenden Postprocessing werden die berechneten Ergebnisse visualisiert. Es bestehen unterschiedliche Möglichkeiten, die berechneten Ergebnisse darzustellen. Beispiele sind Kontur- oder Stromliniendarstellungen sowie Kurvenverläufe an bestimmten Schnittflächen im Bilanzraum. Im Folgenden werden die Vorgehensweise bei der Modellerstellung und die Ergebnisse der Strömungssimulation für die metallische Wabe im Durchströmungsreaktor dargestellt.

7.2 *CFD*-Modellierung der metallischen Wabe

7.2.1 Geometrie- und Netzgenerierung

Es wurden zwei *CFD*-Modelle des Wabenträgers erstellt. Beim ersten Modell mit einer „abstrahierten Geometrie“ wurden die Stirnseiten der Kanäle durch Dreiecke angenähert. Hierdurch wird eine geschlossene, symmetrische Geometrie erhalten, was Vorteile bei der Vernetzung und bzgl. einer kürzeren Rechenzeit bietet (Abbildung 41 *Mitte*).

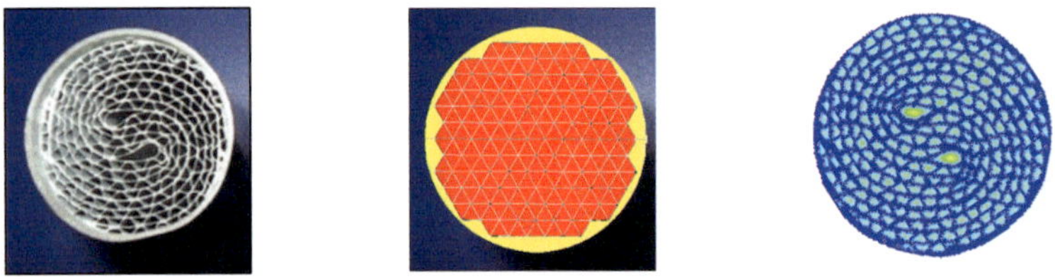

Abbildung 41: Gegenüberstellung der in den *CFD*-Modellen benutzten Geometrien des Wabenträgers. ***Links***: Photo der Stirnseite des Wabenträgers. ***Mitte***: Modell „abstrahierte Geometrie“. ***Rechts***: Modell „detaillierte Geometrie“

Die „detaillierte Geometrie“ des zweiten Modells wurde ausgehend von einem Photo der Stirnseite des Wabenträgers entwickelt (Abbildung 42). Hierzu wurde mit Hilfe eines Graphikprogramms das Photo in ein schwarz/weiß Bild konvertiert. Daraus wurden Bilder mit verschiedenen Auflösungen generiert.

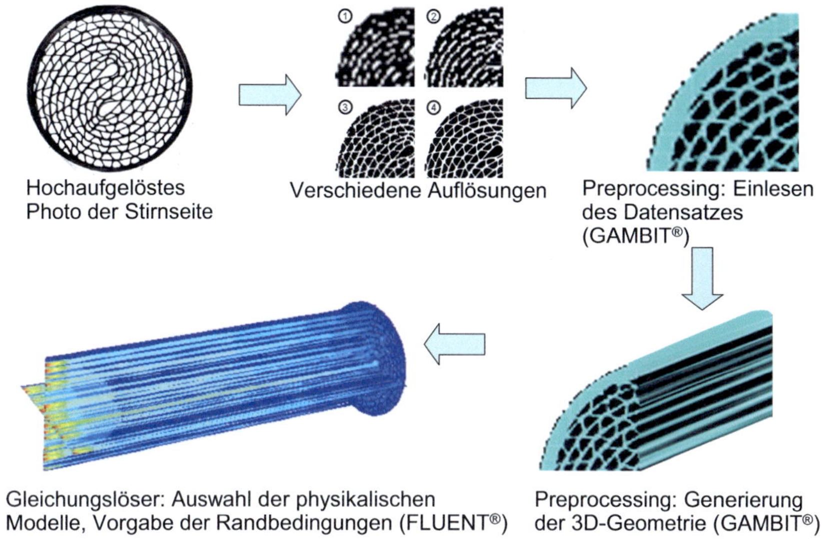

Abbildung 42: Vorgehensweise der Geometrieerstellung für das Modell „detaillierte Geometrie“

Es musste ein Kompromiss zwischen notwendiger Auflösung und vertretbarer Rechenzeit gefunden werden (Anhang D.1). Das aus dem Photo abgeleitete Bild wurde in einen binären Datensatz und dann in ein für den Preprocessor (GAMBIT®) lesbares Format umgewandelt. Nach dem Einlesen erhält man ein zweidimensionales Abbild der Stirnseite des Wabenträgers. Dieses wird in Kopie als rückwärtige Stirnseite verwendet. Durch Verbinden der beiden Stirnseiten wird ein Volumen erhalten, welches anschließend strukturiert vernetzt wurde [70].

7.2.2 Simulationsergebnisse – Druckverlust

Für die *CFD*-Simulation wurde das in FLUENT® zur Verfügung stehende Modell für laminare Strömung ausgewählt. Als Fluid wurde Luft verwendet. Der Volumenstrom wurde in einem Bereich von 10 bis 1250 l/h variiert, entsprechend einer *GHSV* von 130 bis 16340 h^{-1}.

Die Strömungssimulationen wurden bzgl. des Druckverlusts, der durch die Wabe verursacht wird, ausgewertet. Die aus den *CFD*-Simulationen ermittelten Druckverluste des ersten Modells „abstrahierte Geometrie“

wurden mit einer einfachen Abschätzung verglichen. Hierbei wurde der Druckverlust mit

$$\Delta p = \zeta(\mathrm{Re}) \cdot \frac{l}{d_h} \cdot \frac{\rho}{2} \cdot u^2 \qquad \text{(Gl. 76)}$$

abgeschätzt. Aufgrund dessen, dass bei den vorliegenden Bedingungen die Reynoldszahlen für die Strömung in den Kanälen bei maximal 65 liegt, kann von einer laminaren Strömung ausgegangen und der Widerstandbeiwert mit

$$\zeta = \frac{64}{\mathrm{Re}} \qquad \text{(Gl. 77)}$$

berechnet werden. Die mit dem Modell „abstrahierte Geometrie“ berechneten Druckverluste stimmen sehr gut mit denen aus der einfachen Abschätzung überein (Abbildung 43).

Beim Vergleich mit gemessenen Druckverlusten ergeben sich allerdings extreme Abweichungen. Gemessen wurde der Druckverlust in dem in Abbildung 13 gezeigten Durchströmungsrohrreaktor (ohne Quarzwolle und ohne Siliziumcarbidschüttung) als Differenzdruck zwischen Ein- und Ausgang des Rohres. Zur Messung wurde ein U-Rohrmanometer verwendet. Es wurden bei gleichem Volumenstrom der Differenzdruck mit und ohne eingebauter Wabe gemessen. Es wurde gemutmaßt, dass die Differenz dieser beiden Differenzdrücke der Druckverlust der Wabe ist und somit dem berechneten Druckverlust entspricht. Dies war allerdings nicht der Fall. Daher wurde im nächsten Schritt das *CFD*-Modell „abstrahierte Geometrie“ um den Durchströmungsrohrreaktor erweitert. Am Einlass des Durchströmungsrohres treten Reynoldszahlen bis 15.500 auf. Daher wurde bei den Simulationen für das Rohr das in FLUENT® zur Verfügung stehende Standard k-ε-Modell für turbulente Strömungen verwendet. Die Simulationsergebnisse wurden wie die Experimente ausgewertet, d.h., der Druckverlust ist die Differenz der Druckverluste mit und ohne eingebaute Wabe im Durchströmungsrohrreaktor. Tendenziell konnten die Druckverluste besser beschrieben werden. Aufgrund der weiterhin großen quantitativen Abweichung zwischen Experiment und Simulation wurde das Modell „detaillierte Geometrie“ entwickelt. Wie der Vergleich der Ergebnisse zeigt, konnten damit die Messwerte befriedigend wiedergegeben werden (Abbildung 43).

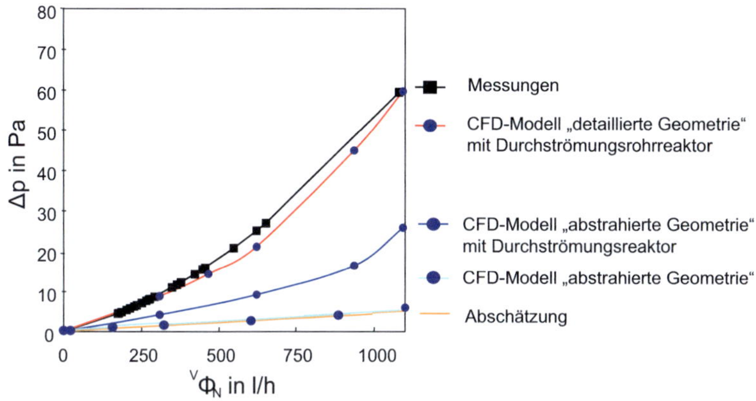

Abbildung 43: Validierung der *CFD*-Modelle über den Vergleich von berechneten und gemessenen Druckverlusten [70]

7.2.3 Simulationsergebnisse – Strömungsfeld

Das Modell „detaillierte Geometrie“ wurde um die Modellierung der Strömung vor bzw. nach der Wabe, also um den An- und den Abströmbereich erweitert. Es wurde das Standard k-ε-Modell zur Beschreibung der Fluiddynamik verwendet. Bei der vorgegebenen Leerrohrgeschwindigkeit von 0,15 m/s liegen die Reynoldszahlen bei den unterschiedlich großen Kanälen zwischen 2 und 120. Durch die nicht zu vernachlässigende Dicke der Kanalwände kommt es vor der Wabe aufgrund des Staudrucks zu einer Ausrichtung des Strömungsfeldes. Es ist deutlich eine höhere Geschwindigkeit in den beiden großen Kanälen der Wabe zu erkennen wie auch in deren An- und Abströmbereichen. Der durch die Wabe verursachte Druckverlust liegt bei den genannten Bedingungen bei 10 Pa (0,1 mbar).

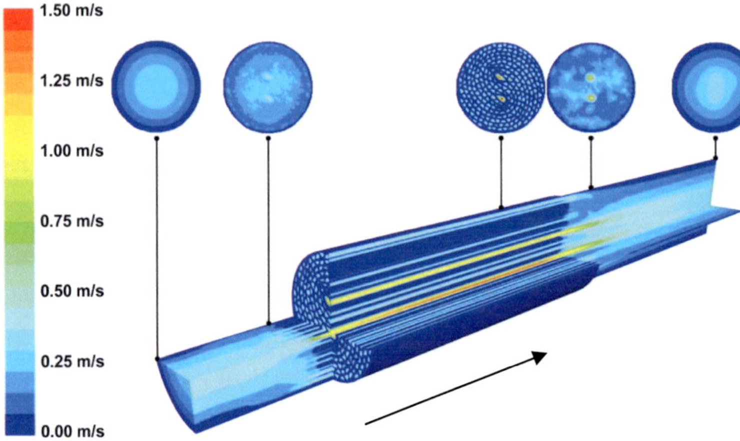

Abbildung 44: Modell „detaillierte Geometrie“ mit Anström- und Abströmbereich

8 Simulation: Kopplung der beiden CO-Entfernungsstufen

Im Folgenden werden die Auswirkungen verschiedener Varianten der Temperaturführung bei der WGS- und bei der Methanisierungs-Stufe auf die benötigten Reaktorlängen und auf die Produktgaszusammensetzungen betrachtet. Hierzu wurden, unter Verwendung der in dieser Arbeit ermittelten kinetischen Parameter, Modellrechnungen durchgeführt.

Bei der Auslegung der Isothermreaktoren wurde davon ausgegangen, dass die freiwerdende Reaktionsenthalpie ideal abgeführt werden kann, d.h. dass die axialen Temperaturverläufe aller Kanäle des Wabenreaktors identisch sind und es in den Kanälen und in der Wabe keine radialen Temperaturgradienten gibt. Des Weiteren wird eine homogene Katalysatorbeschichtung der Kanalwand zugrunde gelegt. Die Kanalquerschnittsfläche wird als kreisförmig angenommen. Mit den vorgenommenen Annahmen sind die Temperatur-, Druck-, und Konzentrationsverläufe für alle Kanäle unter der Voraussetzung, dass die jeweilige Verweilzeit gleich ist, identisch. Die Menge an Katalysator, die sich in einem Kanal befindet, wird durch die Katalysatorbeladung S_{Kat}^{m} ausgedrückt.

Diese wird als Quotient aus aufgebrachter Katalysatormasse und freiem Kanalvolumen definiert. Die Schichtdicke der Katalysatorbeschichtung soll 50 µm betragen. Die Dichte der Katalysatorschicht soll gleich der in dieser Arbeit verwendeten kommerziellen Katalysatortabletten (ca. 3000 kg/m³) sein.

$$S_{Kat}^{m} = \frac{m_{Kat,Wabe}}{V_{Leerraum,Wabe}} = \frac{m_{Kat,Wabe}}{\psi \cdot A_{Wabe} \cdot L_{Wabe}} = \frac{m_{Kat,Kanal}}{V_{Kanal}} \qquad \text{(Gl. 78)}$$

Der freie Durchmesser des Kanals d_{Kanal} beträgt für beide Reaktionsstufen 1 mm. Als weitere Randbedingung wird die Strömungsgeschwindigkeit am Eintritt des *WGS*-Reaktors auf 0,5 m/s bei einem Druck von 1 bar und einer Temperatur von 200 °C festgelegt. Zur Beschreibung des Reaktors wird das Modell eines idealen Strömungsrohrreaktors angewendet. Diese Annahme ist über die Größe der Bodenstein-Zahl der Kanalströmung Bo_{Kanal} >> 100 gerechtfertigt (Abbildung 39). In

Tabelle 21 sind die der Reaktormodellierung zugrunde gelegten Parameter zusammengefasst.

Tabelle 21: Der Reaktormodellierung zugrunde gelegte Parameter

Kanaldurchmesser d_{Kanal} in mm	1
Strömungsgeschwindigkeit in m/s	0,5 (bei 200°C)
Betriebsdruck in bar	1
Katalysatorbeladung S^{m}_{Kat} in kg/m³ **	500

** *WGS*: $m_{Kat} = m_{Cu/ZnO} + m_{Al2O3}$

Methanisierung: $m_{Kat} = m_{Ru} + m_{Al2O3}$

Als Katalysatoren werden die in dieser Arbeit getesteten kommerziellen Katalysatoren $Cu/ZnO/Al_2O_3$ für die *WGS* und Ru/Al_2O_3 für die selektive CO-Methanisierung betrachtet. Deren Reaktionsgeschwindigkeiten werden mit den in dieser Arbeit verwendeten mathematischen Ansätzen und den experimentell bestimmten kinetischen Parametern beschrieben. Für die *WGS*-Stufe wird der Ansatz nach Moe, mit den in Tabelle 17 ermittelten und gelisteten kinetischen Parametern, und für die Methanisierungsstufe das Differenzialgleichungssystem aus Kapitel 5.9.2, mit den dort ermittelten Parametern, verwendet.

8.1 Isothermreaktoren

Bei der Modellierung der Isothermreaktoren wird davon ausgegangen, dass die Temperaturen in der *WGS*- und in der Methanisierungsstufe gleich sind, wodurch auf einen Wärmeübertrager zwischen den beiden Reaktoren verzichtet werden kann. Der untere Wert des relevanten Temperaturbereichs ergibt sich aus dem Umstand, dass die $Cu/ZnO/Al_2O_3$-Katalysatoren erst ab einer Temperatur von 200 °C eine ausreichende Aktivität besitzen, der obere durch die thermische Stabilität des Katalysators, die sich direkt auf die Standzeit auswirkt. Der maximal erreichbare Umsatz der *WGS*-Reaktion ist im betrachteten Temperaturbereich durch das thermodynamische Gleichgewicht limitiert. Als Abbruchkriterium für die Simulationen der Isothermreaktoren für die *WGS*-Reaktion wurde das Erreichen der Kurve der maximalen Raum-

Zeit-Ausbeute bei der jeweiligen Reaktionstemperatur verwendet (siehe Kapitel 6.1.1).

Der durch dieses Abbruchkriterium erreichbare Umsatz unterscheidet sich im betrachteten Temperaturbereich vom Gleichgewichtsumsatz um 3 bis 4 Prozentpunkte (Tabelle 22).

Tabelle 22: Vergleich der erreichbaren Umsätze in der *WGS*-Stufe beim Erreichen der Kurve maximaler Raum-Zeit-Ausbeute und beim Erreichen des thermodynamischen Gleichgewichts

	ϑ = 200 °C	**ϑ = 270 °C**
Umsatz* in %	95	86
Max. Umsatz** in %	98	90

* Umsatz beim Erreichen der Kurve maximaler Raum-Zeit-Ausbeute

** Umsatz beim Erreichen des thermodynamischen Gleichgewichts

Die Methanisierungsreaktion wird bis zum Erreichen einer CO-Konzentration im trockenen Prozessgas von 20 ppm betrieben, wie sie für die *PEM*-Brennstoffzelle ausreicht. In Abbildung 45 sind die mit den in Tabelle 21 gelisteten Annahmen berechneten Reaktorlängen dargestellt. Aufgrund der exponentiellen Temperaturabhängigkeit der Reaktionsgeschwindigkeit nimmt die für die *WGS*-Stufe benötigte Reaktorlänge exponentiell mit der Temperatur ab. Wegen der thermodynamischen Limitierung der *WGS*-Reaktion nimmt dort allerdings der erreichbare Umsatz ebenfalls mit zunehmender Temperatur ab, was zur Folge hat, dass in der Methanisierungsstufe mehr CO umgesetzt werden muss, um die geforderte CO-Konzentration im Produktgas zu erreichen. Hierdurch kommt es zu einer Zunahme der benötigten Reaktorlänge in der Methanisierungsstufe. Dieser Effekt wird allerdings durch die Zunahme der Reaktionsgeschwindigkeit aufgrund höherer Reaktoreingangstemperaturen überkompensiert.

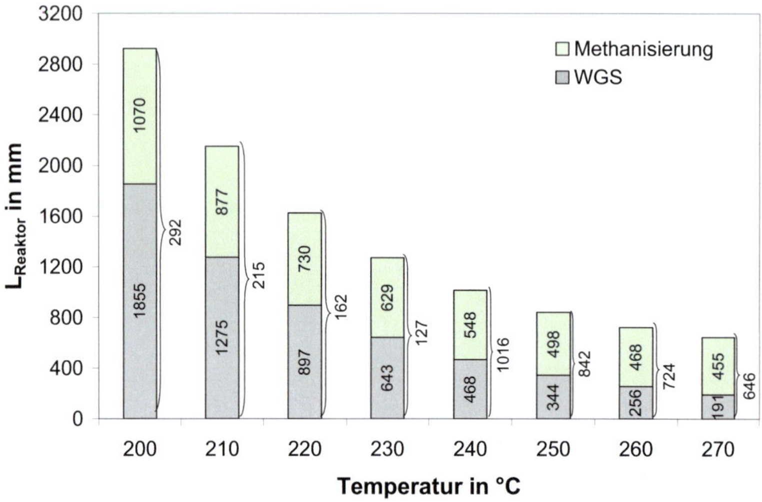

Abbildung 45: Benötigte Reaktorlängen der *WGS*- und der Methanisierungsstufe für die Brenngaskonditionierung. Reaktionsbedingungen: isotherm, p = 1 bar, $y_{CO,0}$ = 9,24, $y_{CH4,0}$ = 0,48, $y_{CO2,0}$ = 7,36, $y_{H2,0}$ = 55,56, $y_{H2O,0}$ = 27,36 (jeweils %), siehe Tabelle 21. Abbruchkriterien: *WGS*-Stufe: Erreichen der Kurve der maximalen Raum-Zeit-Ausbeute, Methanisierungsstufe: Erreichen von $y_{CO,trocken}$ = 20 ppm

Der Einfluss des Temperaturniveaus auf die trockene Produktgaszusammensetzung ist in Abbildung 46 dargestellt. Der Unterschied der Wasserstoffendkonzentration zwischen der niedrigsten (200 °C) und der höchsten (270 °C) Temperatur ist mit 1 Prozentpunkt verhältnismäßig gering (Abbildung 46). Die leichte Stoffmengenabnahme beim Übergang von einer niedrigen zu einer höheren Temperatur hat einen nur noch geringen Einfluss. Der Einbuße an Wasserstoff bei 270 °C gegenüber 200 °C steht ein überproportional ca. 4,5-fach kürzerer Reaktor gegenüber, wodurch der Druckverlust etwa im gleichen Verhältnis abnimmt (Abbildung 47). Bei einer Betriebstemperatur von 260 °C wird ein Minimum des Druckverlusts in der Methanisierungsstufe durchlaufen. Zwar ist die Reaktorlänge gegenüber der bei einer Betriebstemperatur von 270 °C etwas größer, aber aufgrund der mit der Temperatur ansteigenden dynamischen Viskosität, die den Druckverlust proportional beeinflusst, steigt dieser beim Übergang zu der höheren Temperatur wieder an. Der Druckverlust im *WGS*-Reaktor nimmt dagegen monoton mit zunehmender Temperatur ab.

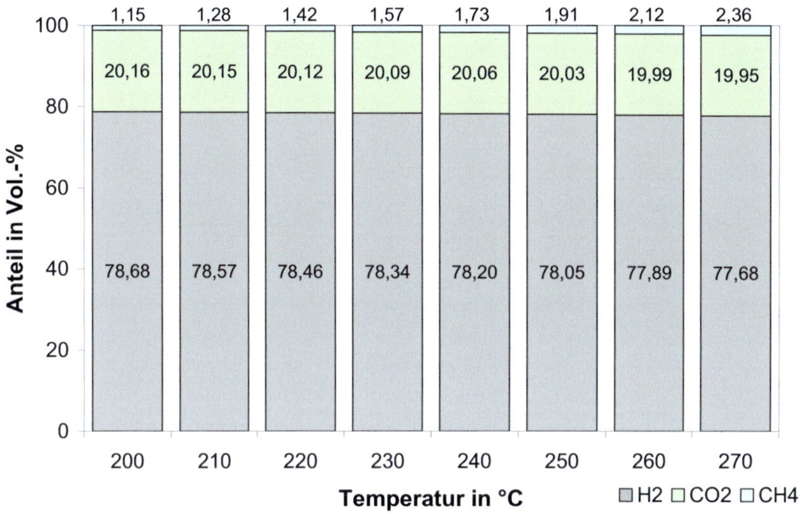

Abbildung 46: Zusammensetzung des trockenen Produktgases nach der Methanisierungsstufe in Abhängigkeit der Temperatur. Die CO-Konzentration ist jeweils mit 20 ppm fixiert

Weil bei 260 °C und bei 270 °C der Druckverlust annähernd gleich ist, aber mit abnehmender Reaktionstemperatur die Standzeit des Katalysators wegen verringerter Rekristallisations- und Sintervorgänge zunimmt und sich hierdurch für die betrachtete Anwendung eines *PEM-BZH* längere Wartungsintervalle ergeben, ist eine Betriebsführung bei 260 °C, trotz einer etwas größeren Reaktorlänge als bei 270 °C, zu bevorzugen. Die Gesamtlänge des Isothermreaktors beträgt bei einer Betriebstemperatur von 260 °C ca. 725 mm.

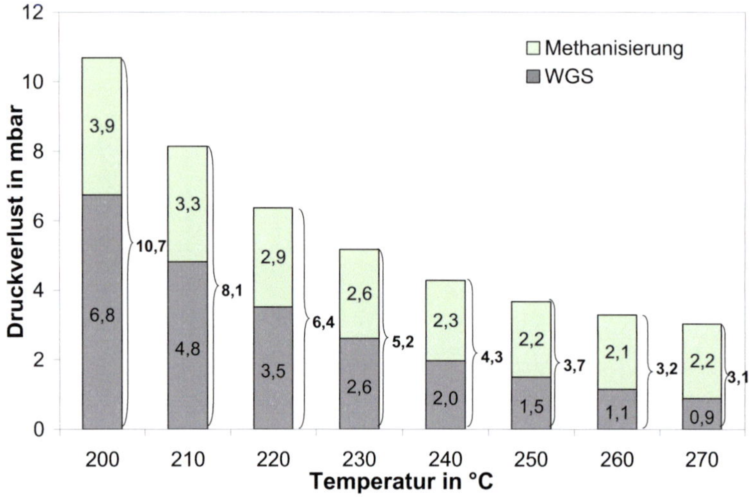

Abbildung 47: Indirekter Einfluss der Reaktionstemperatur (über die resultierende Reaktorlänge) auf den Druckverlust

Die technische Realisierung dieser Reaktionsführung könnte wie in Abbildung 33 *mitte* und *rechts* dargestellt aussehen.

8.2 Adiabate Reaktoren

Der Einsatz adiabater Reaktoren führt zu einer alternativen Temperaturführung. Weil die Reaktionsenthalpie nicht aus dem Reaktor abgeführt wird, kommt es zu einer Erhöhung der Prozessgastemperatur. Vorausgesetzt die Zusammensetzung des Reaktionsmediums ist weit genug von der thermodynamischen Gleichgewichtszusammensetzung entfernt, führt diese Temperaturerhöhung zu einer Zunahme der Reaktionsgeschwindigkeit.

Bei den Modellrechnungen wurde davon ausgegangen, dass das Prozessgas mit einer Temperatur von 200 °C in den Reaktor eintritt. Die Reaktion wird bis zum Erreichen der vom Katalysator maximal tolerierbaren Temperatur von 270 °C betrieben. Daran schließt sich eine Zwischenkühlung des Prozessgases auf 200 °C an. Mit dieser Temperatur tritt das Gas im Fall einer zweistufigen *WGS* in den zweiten Reaktor ein. Wie aus Abbildung 48 zu entnehmen ist, steigt mit zunehmender Temperatur der erreichbare Gesamtumsatz des *WGS*-Reaktors. Die maximal erreichbare Endtemperatur der 2. *WGS*-Stufe ist durch die maximal adiabate Temperaturerhöhung gegeben. Diese liegt im betrachteten Fall bei 41 K.

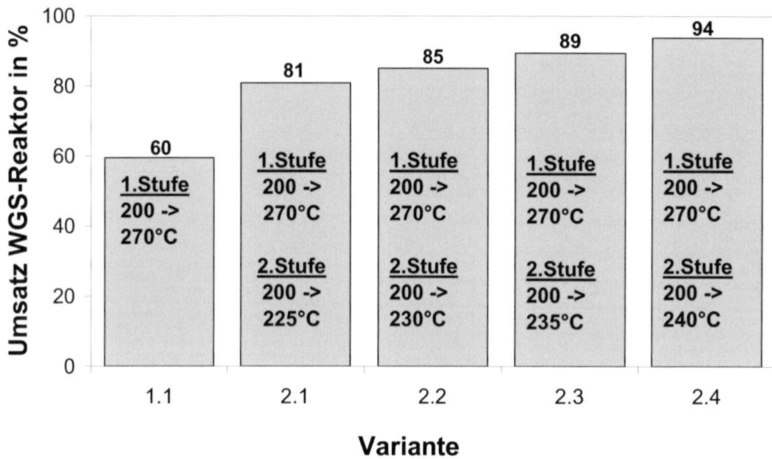

Abbildung 48: Vergleich der erreichbaren Umsätze in einem einstufigen *WGS*-Reaktor und in einem zweistufigen in Abhängigkeit von der Endtemperatur der zweiten Stufe

Der im zweistufigen *WGS*-Reaktor erreichbare Gesamtumsatz ist um 34 Prozentpunkte gegenüber dem einstufigen höher.

Für die zweite *WGS*-Stufe stellt sich die Frage nach der geeigneten Abbruchtemperatur. Im Prinzip könnte wie schon oben erwähnt die Reaktion bis zum Erreichen der maximalen adiabaten Temperaturerhöhung betrieben werden. Allerdings stellt sich diese erst beim Erreichen der thermodynamischen Gleichgewichtskonzentration ein, wobei wegen des abnehmenden CO-Anteils im Prozessgas die Reaktionsgeschwindigkeit gegen Null und die erforderliche Reaktorlänge gegen unendlich streben müsste.

Bei den Modellrechnungen wurde festgelegt, dass die Gaseintrittstemperatur der Methanisierungsstufe gleich der Austrittstemperatur der zweiten *WGS*-Stufe ist, wodurch auf einen Wärmeübertrager zwischen den beiden Reaktoren verzichtet werden kann. Als Abbruchkriterium für die Berechnung der Länge der Methanisierungsstufe wurde wieder eine CO-Endkonzentration von 20 ppm CO im trockenen Prozessgas gewählt. Die hinsichtlich einer möglichst kurzen Reaktorlänge optimale Endtemperatur in der zweiten *WGS*-Stufe liegt bei 235 °C (siehe Abbildung 49). Die sich bei dieser Konfiguration ergebende Reaktorlänge beträgt ca.1300 mm.

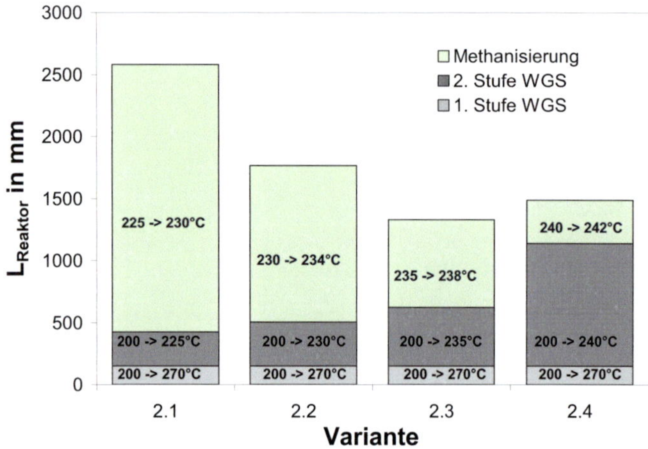

Abbildung 49: Einfluss der Endtemperatur der zweiten *WGS*-Stufe bei einer adiabaten Reaktionsführung mit jeweiliger Zwischenkühlung auf die Gesamtlänge der CO-Entfernungseinheit

Diese Reaktionsführung könnte durch einen Hordenreaktor, wie er in Abbildung 33 *links* dargestellt ist, realisiert werden.

8.3 Optimale Temperaturführung

Unter der optimalen Temperaturführung des *WGS*-Reaktors soll hier ein Reaktor verstanden werden, der bei einem noch technisch sinnvollen maximalen Umsatzgrad die kleinste Baulänge besitzt. Als Referenz für den maximal erreichbaren Umsatzgrad soll der in Kapitel 8.1 diskutierte Isothermreaktor bei 200 °C dienen. Die höchste Umsatzgeschwindigkeit wird im Isothermreaktor bei 270 °C erreicht.

In den Reaktor mit der optimalen Temperaturführung tritt deshalb das Gas mit 270 °C ein und wird isotherm gekühlt bis zum Erreichen der Kurve der maximalen Raum-Zeit-Ausbeute. Daran schließt sich eine sukzessive Absenkung der Temperatur entlang der Kurve der maximalen Raum-Zeit-Ausbeute bis zum Erreichen der Endtemperatur von 200 °C an (Abbildung 50).

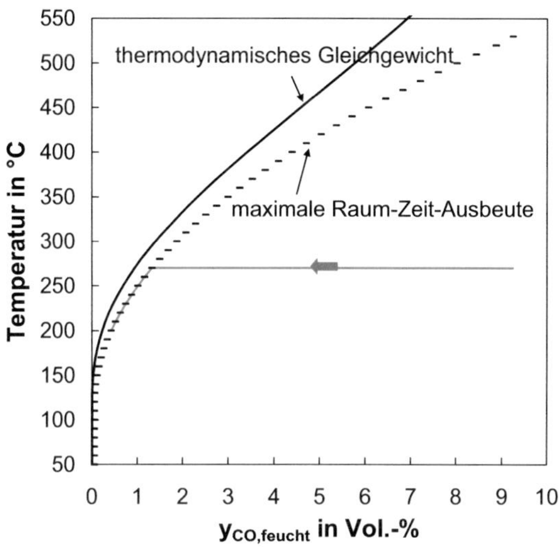

Abbildung 50: Optimale axiale Temperaturführung des *WGS*-Reaktors

Hypothetisch kann ein solcher Reaktor durch eine Aneinanderreihung von zunächst einem und dann sehr vielen Isothermreaktoren mit entsprechenden Temperaturen zum Aufprägen des Temperaturprofils aufgefasst werden. Aufgrund des apparativ hohen Aufwands hat der optimale Reaktor keine Relevanz für die Praxis, kann aber zur Bewertung anderer Lösungen dienen.

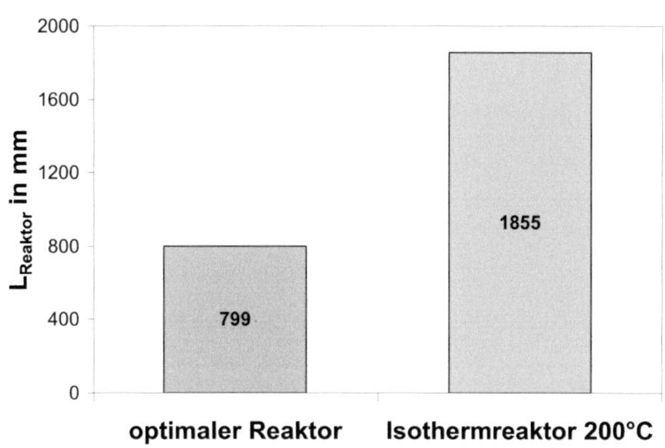

Abbildung 51: Vergleich der Reaktorlängen des optimalen und des Isothermreaktors bei gleichem Umsatzgrad

Abbildung 51 zeigt, dass bei gleichem Umsatzgrad von 0,95 der Reaktor mit der optimalen Temperaturführung 2,3 Mal kürzer ist als der Isothermreaktor (200 °C).

8.4 Bewertung der Temperaturführung

Der Reaktor mit der optimalen Temperaturführung erscheint auf den ersten Blick als eine interessante Optimierungsoption, um den maximalen Umsatz zu erreichen. Bei genauer Betrachtung stellt sich allerdings heraus, dass der apparative Aufwand zur Realisierung in keinem sinnvollen Verhältnis zur dadurch zusätzlich erreichbaren Wasserstoffkonzentration steht. Die erreichbare Wasserstoffkonzentration im trockenen Prozessgas ist beim Isothermreaktor (260 °C) nur etwa einen Prozentpunkt (0,79) niedriger. Die notwendige Reaktorlänge des Isothermreaktors (260 °C) beträgt 256 mm (Abbildung 45) und ist damit gerade mal etwa ein Drittel des Reaktors mit der optimalen Temperaturführung (799 mm), wodurch der verursachte Druckverlust ebenfalls nur ein Drittel beträgt.

Die Reaktorlänge des am besten geeigneten Isothermreaktors (260 °C) liegt etwa bei der Hälfte des besten adiabaten Reaktors (Variante 2.3 in Abbildung 49) (725 mm im Vergleich zu 1300 mm). Die jeweils erreichbaren Produktgaszusammensetzungen unterscheiden sich nur marginal, wie Abbildung 52 zeigt. Der Unterschied liegt in der Größenordnung der Rechengenauigkeit.

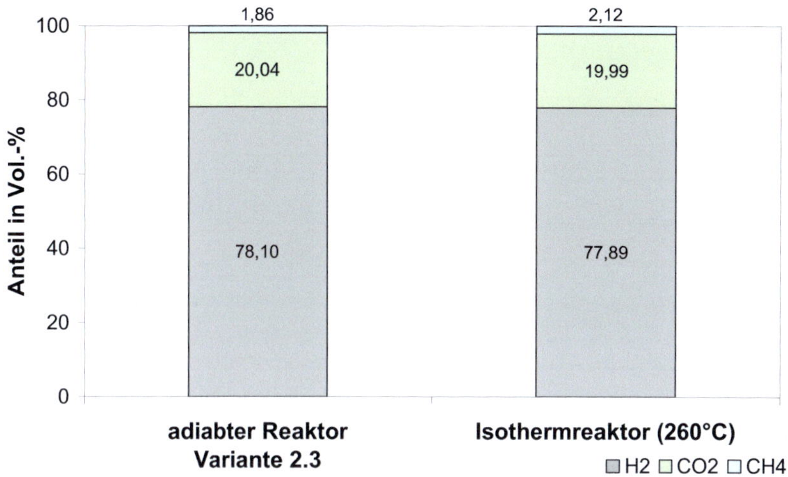

Abbildung 52: Vergleich der Produktgaszusammensetzungen (trocken) des am besten geeigneten Isothermreaktors und des adiabaten Reaktors. Die CO-Endkonzentration beträgt 20 ppm

Für die betrachtete Anwendung einer CO-Entfernungseinheit innerhalb der Brenngaskonditionierung einer *PEM-BZH* sind sowohl der adiabate als auch der Isothermreaktor geeignet. Der Isothermreaktor ist schon wegen des geringeren apparativen Aufwands – es ist keine Zwischenkühlung notwendig – gegenüber dem adiabaten Reaktor zu favorisieren. Mit Hilfe der Metallwabenträger lässt sich ein näherungsweise isothermer Reaktor mit vertretbarem Aufwand realisieren (siehe Kap. 6.1.2). Durch Erhöhung der Anzahl der Reaktionsrohre (Katalysatorwaben) kann der Reaktor an eine beliebig hohe Leistung angepasst werden.

9 Zusammenfassung

Ziel der Arbeit war es, Möglichkeiten zur Druckverlustreduzierung im Brenngaskonditionierungsteil eines stationären *PEM*-Brennstoffzellenheizsystems aufzuzeigen. In diesem Zusammenhang sollte das Potential metallischer Wabenträger näher untersucht werden.

Katalysatorauswahl

Es wurden metallische Katalysatorwaben mit den in einer Vorauswahl gefundenen Systemen Au/CeO_2, Pt/CeO_2, Ru und Cu/ZnO auf ihr CO-Umsatzverhalten bei den Betriebsbedingungen eines Brennstoffzellenheizsystems untersucht. Es zeigte sich, dass der Cu/ZnO-Katalysator die höchste CO-Umsatzaktivität bei einer gleichzeitig sehr hohen Selektivität bzgl. der *WGS*-Reaktion aufweist. Zugleich hat dieses System noch Potential für eine weitere Aktivitätssteigerung durch katalysatortechnische Optimierungsarbeiten. Ein Nachteil ist die notwendige Aktivierung der Cu/ZnO-Katalysatoren vor deren Einsatz. Diese ist allerdings auch bei den Gold-Katalysatoren notwendig. Für die industrielle Anwendung gibt es vorreduzierte und stabilisierte Cu/ZnO/Al_2O_3-Katalysatoren, wodurch eine Vorbehandlung des Katalysators im System entfallen könnte [18]. Dem pyrophoren Verhalten des heißen Katalysators beim Kontakt mit Luftsauerstoff, womit beim An- und Abfahren des *PEM*-Brennstoffzellenheizsystems zu rechnen ist, kann durch verfahrenstechnische Maßnahmen, wie dem Inertisieren des Systems mit unreformiertem Erdgas entgegengewirkt werden. Eine aussichtsreiche Alternative zu Cu/ZnO/Al_2O_3 könnte Pt/CeO_2 sein.

Potential metallischer Waben

Im Vergleich mit herkömmlichen Katalysatorschüttungen kann bei Wabenreaktoren mit einem um ein bis zwei Größenordnungen tiefer liegenden Druckverlust beigleicher Schütthöhe gerechnet werden (bei gleichem Oberflächen- zu Volumenverhältnis).

Weitere Vorteile der metallischen Katalysatorwaben liegen in ihrer besseren Wärmeleitfähigkeit. Aufgrund der Geometrie des Katalysatorträgers kann die Reaktionswärme, die in der Katalysatorschicht frei wird, schnell und effektiv durch das Wabenmaterial abgeführt werden. Durch Optimieren der Kanaldurchmessergrößen und Verwendung besser leitender Materialien ist eine weitere Effizienzsteigerung zu erwarten. Allein durch den Ersatz des verwendeten Wabenmaterials durch Kupfer wird die effektive Wärmeleitfähigkeit um 2 bis 3 Größenordnungen gesteigert.

Hinsichtlich der Temperaturführung bietet die geometrische Struktur der Waben auch Vorzüge. Es sind verschiedene Wärmeübertragerkonfigurationen denkbar, wie z.B. eine Kühlung über den Außenmantel und/oder durch Einbringung von Kühlkanälen in die Wabenstruktur. Beide Konfigurationen haben Ähnlichkeiten mit Rohrbündelwärmeübertagern bzw. -reaktoren. Eine weitere Möglichkeit besteht darin, ähnlich wie bei einem Hordenreaktor, zwischen zwei Reaktionswaben eine Zwischenkühlung vorzusehen.

Beim Einsatz metallischer Wabenträger ist auf eine schmale Verteilung der Wabenkanaldurchmesser zu achten, da die Gasverweilzeiten in allen Kanälen möglichst gleich sein sollten, um einen hohen Umsatzgrad realisieren zu können.

Reaktionsführung

Um die Auswirkungen verschiedener Temperaturführungen entlang des Reaktors auf den CO-Umsatz vergleichen und bewerten zu können, wurden ausgewählte Varianten basierend auf den experimentell ermittelten Reaktionskinetiken simuliert. Dadurch, dass die Temperatur am Ausgang des *WGS*- und am Eingang des Methanisierungsreaktors gleich gehalten wurde, konnte auf einen Wärmeübertrager zwischen den Reaktoren verzichtet werden. Für die Simulationen wurden die Reaktormodelle des *WGS*- und des Methanisierungsreaktor miteinander gekoppelt. Bei gleichen Randbedingungen wurden die Reaktorlängen und die Produktgaszusammensetzungen von isothermen, adiabaten und „optimalen“ (der Reaktionskinetik angepasste Temperatur) Betriebsweisen unterschiedlicher Temperaturniveaus miteinander verglichen.

Aufgrund der Simulationsergebnisse wird unter Berücksichtigung der Einsatzbereiche der Katalysatoren und der erreichbaren Wasserstoffkonzentration im Produktgas eine isotherme Betriebsweise beider Reaktoren zwischen 240 und 260 °C vorgeschlagen. Letzteres Temperaturniveau bietet den Vorteil eines um ca. 30 % reduzierten Reaktorvolumens. Dabei ist allerdings noch zu untersuchen, inwieweit die Katalysatorstandzeit durch die höhere Temperatur beeinträchtigt wird. Die in aktuellen Brennstoffzellensystemen eingesetzten Reaktoren werden bei 240 °C betrieben [11]. Der Gesamtdruckverlust liegt im vorgeschlagenen Betriebsbereich bei weniger als 4 mbar für die gesamte CO-Entfernungseinheit.

Schlussfolgerung

Metallische Wabenreaktoren stellen durch den relativ geringen Druckverlust für die betrachtete Anwendung eine interessante Alternative zu herkömmlichen Katalysatorschüttungen dar. Durch ihren Einsatz kann auf eine Kompression des Prozessgases verzichtet werden. Hierdurch verringert sich der parasitäre Energieverbrauch, und somit steigt der Gesamtwirkungsgrad des *PEM*-Brennstoffzellenheizsystems.

Durch den Einsatz von metallischen Wabenreaktoren, die mit $Cu/ZnO/Al_2O_3$ als Katalysator für die *WGS*-Reaktion beschichtet sind, ist es möglich, auf die *HTS*-Stufe zu verzichten. Hierdurch entfallen ein Reaktor und ein Wärmeübertrager. Die Austrittstemperatur des *WGS*-Reaktors liegt im Betriebsfenster des für die Feinreinigung eingesetzten Methanisierungs-Katalysators, wodurch nochmals auf einen Wärmeübertrager verzichtet werden kann. Die sich im Vergleich zum Ausgangsprozess ergebenden Vereinfachungen sind in Abbildung 53 dargestellt.

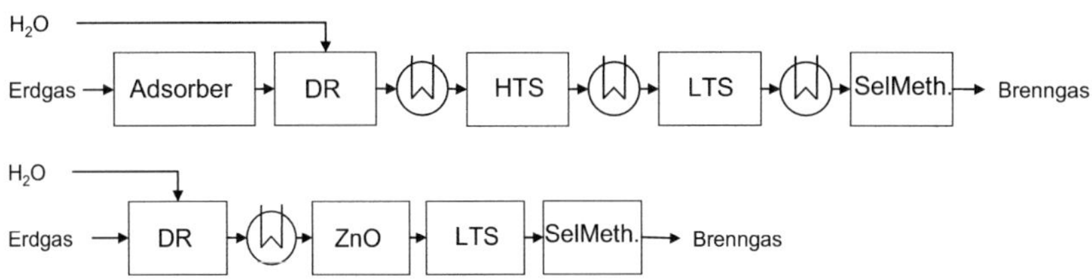

Abbildung 53: Vereinfachung des Prozesses der Brenngasbereitstellung für ein *PEM-BZH*. ***Oben**:* Verfahren zu Beginn. ***Unten**:* vereinfachtes Verfahren

10 Literaturverzeichnis

[1] Homepage: Bundesministerium für Umwelt, Naturschutz und Reaktorsicherheit
http://www.bmu.de/dossier_klimaschutz/doc/43373.php (Aufruf 04.02.2010)

[2] Allama, R.J.; Spilsburya, C.G.:
A study of the extraction of CO_2 from the flue gas of a 500 MW pulverised coal fired boiler
Energy Conversion and Management 33, (1992), Issues 5-8, 373-378

[3] Higman, Ch.; van der Burgt, M.:
Chapter 7.3: Power
Gasification, Elsevier, Burlington, MA, 2004

[4] Herold, A:
Comparison of CO_2 emission factors for fuels used in Greenhouse Gas Inventories and consequences for monitoring and reporting under the EC emissions trading scheme
The European Topic Centre on Air and Climate Change (ETC/ACC), Technical Paper, 2003

[5] Gesetz zur Förderung der Kraft-Wärme-Kopplung vom 25. Oktober 2008
Bundesgesetzblatt Jahrgang 2008 Teil I Nr. 49, Bundesanzeiger Verlag Bonn, 2008

[6] E.ON Ruhrgas AG
Branchenreport Erdgas 2009, Zahlen, Fakten, Progosen

[7] Prognos AG
Innovative Technologien zur energetischen Nutzung von Gas im Wärmemarkt
Prognos AG, Basel

[8] Kirchner, A.; Rits, V.:
Innovative Gastechnologie
GWF Gas Erdgas, 149 (2009), 9, 500-505

[9] http://www.callux.net

[10] Technische Regeln: Arbeitsblatt G 260 DVGW
Bonn, Mai 2008

[11] Britz, P., Zartenar, N.:
PEM - Fuel Cell Systems for Residential Applications
Fuel Cells, 4 (2004), 4, 269-275

[12] International Energy Agency IEA
Energy Technology Essentials – Hydrogen Production and Distribution
April 2007

[13] Suresh, B.; Yoneyama, M.; Schlag, S.:
Chemical Industries Newsletter, SRI Consulting, October 2007

[14] Rostrup-Nielsen, J.R.
Volume 6 Chapter 13.11 Steam Reforming
in Handbook of Heterogeneous Catalysis,
Weinheim, Wiley-VCH, 2008

[15] Lloyd, L. ,Ridler, D. E., Twigg, M. V.
Chapter 6, The Water-Gas Shift Reaction
2nd edition, Catalyst Handbook, Manson Publishing Ltd., 1996

[16] Mond, L., Langer, C.;
British Patent 12, 608 (1888)

[17] Newsome, D. S.:
The Water-Gas Shift Reaction
Catal. Rev.-Sci. Eng., 21 (1980), Nr. 2, 275-318

[18] Hinrichsen, K.-O.; Kochloefl, K.; Muhler, M.:
Volume 6, Chapter 13.12, Water Gas Shift and COS Removal
Handbook of Heterogeneous Catalysis
2nd Edition, Weinheim, Wiley-VCH, 2008

[19] Ladebeck, J. R.; Wagner, J. P.:
Volume 3, Chapter 16, Catalyst development for water-gas shift
in Handbook of Fuel Cells Wiley-VCH, 2003

[20] Hiller, H.; Reimert, R.; Marschner, F.; Renner, H.-J.; Boll, W.; Supp, E.; Brejc, M.; Liebner, W.; Schaub, G.; Hochgesand, G.; Higman, Ch.; Kalteier, P.; Müller, W.-D.; Kriebel, M.; Schlicht, H.:

Vol.15, Gas Production

in Ullmann´s Enzyclopedia of Industrial Chemistry.

6. Aufl., Wiley-VCH, Weinheim, 2003

[21] Chinchen, G. C., Logan, R. H., Spencer, M. S.:

Water-gas shift reaction over an iron oxide/chromium oxide catalyst.:

II: Stability of activity

Appl. Catal., 12 (1984), 1, 89-96

[22] Gonzalez, J. C., Gonzalez, M. G., Laborde, M. A., Moreno, N.:

Effect of temperature and reduction on the activity of high temperature water gas shift catalysts

Appl. Catal., 20 (1986), 1-2, 3-13

[23] Tamaru, A., Oshima, Y. , Honda, K.:

Pat. Appl. DE 3835345 Al

Mitsubishi Kasai Co., Tokyo, Japan, 17. Oktober, 1989

[24] Schneider, M., Kochloefl, K., Pohl, J., Bock, O.:

Europ. Pat. Appl., 0126425,

Süd-Chemie AG, München, Deutschland, 17. Mai, 1984

[25] Bohlbro, H.; Jorgensen, M.:

Catalysts for the conversion of carbon monoxide

Chem. Eng. World, 5 (1970), 46

[26] Jennings, J. R.; Twigg, M.V.:

Chapter 4

In Selected Developments in Catalysis

Blackwell, Oxford, 1985

[27] Bohlbro, H:

An Investigation on the Kinetics of the Conversion of CO with H_2O over Iron

Oxide Based Catalysts

2nd Ed., Gjellerup, Copenhagen,1969

[28] Ruthven, D. M.:

The Activity of Commercial Water Gas Shift Catalysts

Can. J. Chem. Eng., 47 (1969), Issue 4, 327-331

[29] Podolski, W.F.; Kim, Y.G.:

Modeling the Water−Gas Shift Reaction

Ind. Eng. Chem. Process Des. Dev., 13 (1974), 415-421

[30] Bohlbro, H.:

The kinetics of the water-gas conversion

IV. Influence of alkali on the rate equation

J. Catal., 3 (1964), Issue 3, 207-215

[31] Spencer, M. S., Twigg, M. V.:

Metal catalyst design and preparation in control of deactivation

Ann. Rev. Mater. Res., 35 (2005), 427-464

[32] Twigg, M. V, Spencer, M. S.:

Deactivation of supported copper metal catalysts for hydrogenation reactions

Appl. Catal. A., 212 (2001), Issues 1-2, 161-174

[33] Ovesen, C.V.; Clausen, B.S.; Hammershøi, B.S.; Steffensen, G.; Askgaard, T.; Chokendorff, I.; Nørskov, P.B.; Rasmussen, P.B.; Stoltze, P.; Taylor, P.:

A Microkinetic Analysis of the Water–Gas Shift Reaction under Industrial Conditions

J. Calal., 158 (1996), 170-180

[34] Ovesen, C.V.; Stoltze, P.; Nørskov, P.B.; Champbell, C.T.:

A kinetic model of the water gas shift reaction

J. Calal., 134 (1992), 455-468

[35] Pearce, B.B; Twigg, M.V.; Woodward, C.:

Chapter 7, Methanation

Catalyst Handbook

London, Manson Publishing LTD, 1996

[36] Koel, B. E.; Kim, J.:

Volume 3, Chapter 5.3.4.3.3, Methanation

Handbook of Heterogeneous Catalysis

Weinheim, Wiley-VCH, 2008

[37] Wolf, M.; Anderbrügge, T.; Kaesler, H.:

Erfahrungsbericht – Bestimmung des potentiellen Kohlenwasserstoff-

Kondensatgehalts in Erdgasen

GWF Gas Erdgas, 150 (2009), 4, 186-192

[38] Hennings, U., Brune, M., Reimert, R.:

Die Schwefelproblematik bei der Brenngasbereitstellung für erdgasbetriebene Brennstoffzellen

GWF Gas Erdgas, 145 (2004), 2, 92-98

[39] Peters, R.:

Volume 6 Chapter 13.20.1 Fuel Processors
in Handbook of Heterogeneous Catalysis
Weinheim, Wiley-VCH, 2008

[40] Gasteiger, H. A.; Garche, J.:

Volume 6 Chapter 13.20.2 Fuel Cells
in Handbook of Heterogeneous Catalysis
Weinheim, Wiley-VCH, 2008

[41] Adelt, M.; Dubielzig, G.; Brune, M.; Gröschl, F.; Hentze, D.; Reimert, R. :

ENBA – ein Projekt zur entwicklungsbegleitenden Normung für die Brennstoffzellentechnik

GWF Gas Erdgas, 146 (2005) 2, 104-111

[42] E.ON Ruhrgas AG

Persönliche Mitteilung

[43] Graf, F.; Kröger, K.; Reimert, R.:

Sulfur-Free Odorization with Gasodor S-Free - A Review of the Accompanying Research and Development Activities

Energy & Fuels, 21 (2007), 3322-3333

[44] Heimlich, F.; Niebialek, S.; Schulz, Ch.:

Odorierung mit Spotleak Z Erfahrungsbericht der RWE WWE AG

GWF Gas Erdgas, 149 (2008), 3, 165-170

[45] Graf, F.; Kröger, K.:

Olfaktorische und analysetechnische Untersuchungen von Odoriermitteln und von Odoriermittelmischungen

GWF Gas/Erdgas 150 (2009) 1/2, 58-67

[46] Ridler, D. E., Twigg, M. V.:
Chapter 5, Steam Reforming
2nd edition, Catalyst Handbook, Manson Publishing Ltd., 1996

[47] Hennings, U.; Reimert, R.:
Noble metal catalysts supported on gadolinium doped ceria used for natural gas reforming in fuel cell applications
Applied Catalysis B: Environmental, 70 (2007), 498-508

[48] Hennings, U.; Reimert, R.:
Rhodium catalysts supported on gadolinium-doped ceria as potential sulfur-tolerant reforming catalysts for fuel cell applications.
In: Proceedings of the 2004 International Gas Research Conference,
November 1-4, Vancouver, Canada

[49] Wild, R.G.; Nyqvist, F.A.; de Bruijn, F.A.:
Removal of Sulphur-Containing Odorants from Natural Gas for PEMFC-Based Micro-Combined Heat and Power Applications
Fuel Cell Seminar, Palm Springs, CA, USA, Nov. 2002.

[50] Dicks, A. L.:
Hydrogen generation from natural gas for the fuel cell systems of tomorrow
Journal of Power Sources, 61 (1996), Issues 1-2, 113-124

[51] Wolf, M.; Worringer, G.; Reimert, R.:
Optimisation of the CO-Converter for a PEM Fuel Cell
In: Proceeding of the 2008 International Gas Research Conference,
October 8-10, Paris, France

[52] Schulz, A.:
Selektive Methanisierung von CO in Anwesenheit von CO2 zur Reinigung von Wasserstoff unter den Bedingungen einer PEM-Brennstoffzelle
Dissertation, Universität Karlsruhe (TH), 2005

[53] Grenoble, D.C.; Estadt, M.M.; Ollis, D.F.:
The Chemistry and Catalysis of the Water Gas Shift Reaction
J. Catal., 67 (1981), 90-102

[54] Vannice, M. A.:

Chapter 3, Catalytic Activation of Carbon Monoxide on Metal Surfaces

In: Catalysis-Science and Technology

Springer-Verlag, Berlin, 1982

[55] Vannice, M. A.:

The Catalytic Synthesis of Hydrocarbons from H2/CO Mixtures over the Group VIII Metals; The Catalytic Behavior of Silica-Supported Metals

J. Catal., 50 (1977), Issue 2, 228-236

[56] Haruta, M.; Kobayashi, T.; Sano, H.; Yamada, N.:

Novel Gold Catalysts for the Oxidation of Carbon Monoxide at a Temperature far Below 0 °C

Chem. Lett, (1987), 405-408

[57] Hutchings, G. J.:

Vapor phase hydrochlorination of acetylene: Correlation of catalytic activity of supported metal chloride catalysts

J. Catal, 96 (1985), Issue 1, 292-295

[58] Sakurai, H.; Haruta, M.:

Carbon dioxide and carbon monoxide hydrogenation over gold supported on titanium, iron, and zinc oxides

Appl. Catal. A., 127 (1995), Issues 1-2, 93-105

[59] Sakurai, H.; Haruta, M.:

Synergism in methanol synthesis from carbon dioxide over gold catalysts supported on metal oxides

Catal. Today, 29 (1996), Issues 1-4, 361-365

[60] Haruta, M.:

Catalysis of Gold Nanoparticles Deposited on Metal Oxides

Cattech, 6 (2002), Nr. 3, 102-115

[61] Andreeva, D.; Idakiev, V.; Tabakova, T.; Andreev, A.:

Low temperature water-gas shift reaction over Au/γ-Fe_2O_3

J. Catal., 158 (1996) 354-355

[62] Sakurai, H.; Ueda, A.; Kobayashi, T.; Haruta, M.:
Low Temperature Water Gas Shift Reaction over Gold Deposited on TiO2
J. Chem. Soc., Chem. Commun., 1997, 271-272

[63] Tabakova, T.; Idakiev, V.; Andreeva, D.; Mitov, I.:
Influence of the microscopic properties of the support on the catalytic activity of Au/ZnO, Au/ZrO_2, Au/Fe_2O_3, Au/Fe_2O_3–ZnO, Au/Fe_2O_3–ZrO_2 catalysts for the WGS reaction
Appl. Catal. A, 202 (2000), Issue 1, 91-97

[64] Wolf, A.; Schütt, F.:
A systematic study of the synthesis conditions for the preparation of highly active gold catalysts
Appl. Catal. A., 226 (2002), 1-13

[65] Schumacher, B.; Plzak, V.; Cai, J.; Behm, J.:
Reproducibility of highly active Au/TiO2 catalyst preparation and conditioning
Catal. Lett, 101 (2005), Nr. 3-4, 215-224

[66] Li., W.-C.; Comotti, M.; Schüth, F.:
Highly Reproducible Syntheses of Active Au/TiO_2 Catalysts for CO Oxidation by Deposition-Precipitation or Impregnation
J. Catal., 237 (2006), 190-196

[67] Andreeva, D.; Idakiev, V.; Tabakova, T.; Ilieva, L.; Falaras, P; Bourlinos, A; Travlos, A:
Low-temperature water-gas shift reaction over Au/CeO_2 catalysts
Catal. Today, 72 (2002), Issues 1-2, 51-57

[68] Produktinformationen
http:\\www.miniplant-control.de

[69] Gabriel, A.:
Aufbau und Inbetriebnahme einer Laborapparatur zur CO-Entfernung aus einem wasserstoffreichen Brenngas für die PEM-Brennstoffzelle
Studienarbeit, Engler-Bunte-Institut Universität Karlsruhe, 2005

[70] Huang, X.:
Erstellung eines geometrisch detaillierten Modells zur Beschreibung der Strömungsverhältnisse in einem Wabenreaktor

Studienarbeit, Universität Karlsruhe (TH), 2006

[71] W.C.Heraeus GmbH & Co.KG
Persönliche Mitteilung

[72] Karpenko, A.:
Untersuchung der Tieftemperatur Wassergas-Shift Reaktion über Au/CeO2 Katalysatoren
Dissertation, Universität Ulm, 2007

[73] Kung, M. C.; Costello C.; Kung, H. H.:
CO oxidation over supported Au catalysts
Catalysis, 17 (2004), 152.

[74] ZSW Ulm
Persönlich Mitteilung, Hr. Plzak

[75] Romaní Fernández, X.:
Untersuchung zur Einsetzbarkeit von Gold/Ceroxid-, Ruthenium- und Platin/Ruthenium-Katalysatoren für die Reduzierung der CO-Konzentration mit Hilfe der Wassergas-Shift-Reaktion in einem wasserstoffreichen Gas
Diplomarbeit, Engler-Bunte-Institut, Universität Karlsruhe, 2005

[76] Naab, P.:
Herstellung und Test von Katalysatoren auf mit Aluminiumoxid beschichteten metallischen Wabenträgern
Diplomarbeit, Engler-Bunte-Institut, Universität Karlsruhe, 2006

[77] Moe, J. M.:
Design of water-gas shift reactors
Chem. Eng. Prog., 58 (1962), 33-36

[78] Keiski, R. L.; Desponds, O.; Chang, Y.-F.; Somojai, G. A.:
Kinetics of the Water-Gas Shift Reaction over several Alkane Activation and Water-Gas Shift Catalysts
Appl. Catal., 101 (1993), 317-338

[79] Worringer, G.:
Optimierung der Temperaturführung metallischer Wabenreaktoren für die CO-Entfernung aus einem Reformat für eine PEM-Brennstoffzelle
Diplomarbeit, Engler-Bunte-Institut, Universität Karlsruhe, 2007

[80] Mills, G. A.; Steffgen; F. W.:
Catalytic methanisation
Catal. Rev.-Sci-Eng., 8 (1973), 159-210

[81] Eigenberger, G.:
Volume 3 Chapter 10 Reaction Engineering
in Handbook of Heterogeneous Catalysis,
Weinheim, Wiley-VCH, 2008

[82] Bøgdil Hansen, J.; Højlund Nielsen, P. E.:
Volume 6 Chapter 13.13 Methanol Synthesis
in Handbook of Heterogeneous Catalysis,
Weinheim, Wiley-VCH, 2008

[83] Groppi, G.; Tronconi, E.:
Honeycomb supports with high thermal conductivity for gas/solid chemical processes
Catalysis Today, 105 (2005), 297-304

[84] Groppi, G.; Tronconi, E.:
'High Conductivity' Monolith Catalysts for Gas/Solid Exothermic Reactions
Chem. Eng. Technol. 25 (2002), 743-750.

[85] Flumerfelt, R. W.; Glover, C. J.:
Transport Phenomena
Ullmann's encyclopedia of industrial chemistry
Weinheim, Wiley-VCH, 2000. - Online-Resource

[86] Porzellanfabrik Hermsdorf GmbH
Produktinformation
Wärmetauscher.sxd Version 08.05.04
http://www.pofahermsdorf.de/pdf/Waermetauscher.pdf

[87] Kiwi-Minsker, L.; Renken, A.:

Volume 4 Chapter 10.8 Micorstructured Reaktors

in Handbook of Heterogeneous Catalysis,

Weinheim, Wiley-VCH, 2008

[88] VDI-Wärmeatlas

Kapitle L Druckverlust

8. Auflage, VDI-Verlag GmbH, Düsseldorf 1997

[89] Taylor, G.J.:

Dispersion of soluble matter in solvent flowing slowly through a tube

Proc. R. Soc., 219 A (1953), 186-203

[90] Aris, R.:

On the dispersion of a solute in a fluid flowing through a tube

Proc. R. Soc., 235 A (1956) 1200, 67-77

[91] Froment, G.F.; Bischhoff, K.B.:

Chemical Reactor Analysis and Design

2nd Edition, Chichester, USA , Wiley, 1990

[92] Delsman, E.R.; de Croon, M.H.J.M.; Elzinger, G. D.; Cobden, P.D.; Kramer, G.J.; Schouten, J.C.:

The Influence of Differences Between Microchannels on Mircoreactor Performance

Chem. Eng. Technol., 28 (2005), 3, 367-375

[93] VDI-Wärmeatlas

Kapitle D Stoffwerte und Zustandsgrößen

8. Auflage, VDI-Verlag GmbH, Düsseldorf 1997

[94] Fluent 6.1 User`s Guide
Volume 1-3
Fluent Inc., Lebanon, 2003

[95] Oertel, H.:
Strömungsmechanik: Grundlagen, Grundgleichungen, Lösungsmethoden, Softwarebeispiele
Vieweg-Verlag, 1999

[96] Zierep, J.:
Grundzüge der Strömungsmechanik
Springer-Verlag, 5. Auflage, Karlsruhe, 1992

[97] Oertel, H.; Laurien, E.:
Numerische Strömungsmechnik
Springer Verlag, Berlin, Heidelberg, New York, 1995

[98] Schlichting, H.; Gersten, K.:
Grenzschichttheorie
Springer-Verlag, 9. Auflage, Berlin, Heidelberg, 1997

[99] Gambit 3.2 User`s Guide
Fluent Inc. Lebanon, 2004.

[100] Fluent 6.1 User's Guide
Volume 3 Chapter 24 Using the solver
Fluent Inc., Lebanon, 2003

[101] Simander, G. R.:
Forschung und technologische Entwicklung (FTE) von Brennstoffzellen für stationäre Energiesysteme und tragbare Kleingeräte
Strategiepapier der Energieverwertungsagentur (E.V.A.), Wien, 2001

[102] Pérez Pablos, M. V.:
Untersuchung zur Wassergas-Shift Reaktion
Diplomarbeit, Engler-Bunte-Institut Universität Karlsruhe, 2004

[103] VDI-Wärmeatlas
Kapitel M Sonderprobleme der Wärmeübertragung
8. Auflage, VDI-Verlag GmbH, Düsseldorf 1997

[104] Levenspiel, O.:
Chemical Reaction Engineering
3rd Edition, John Wiley & Sons, New York 1999

[105] Neimark, A. V.; Sing, K.S.W.; Thommes, M.:
Volume 2, Chapter 3.1.1, Suface Area and Porosity
Handbook of Heterogeneous Catalysis
2nd Edition, Weinheim, Wiley-VCH, 2008

[106] Produktinformation
Aluchrom Y HF, Material Data Sheet No. 8003
Krupp VDM, 200

A Ergänzungen zur Versuchsapparatur

A.1 Verwendete Gase

Für alle Versuche wurden handelsübliche Gase mit definierten Reinheiten verwendet. Die Einzelheiten sind Tabelle 23 zu entnehmen.

Tabelle 23:Verwendete Gase und deren Verunreinigungen

Gas	Reinheit in Vol.-%	Verunreinigungen in ppm
CO (4.7)	≥ 99,997	N_2 < 10; O_2 <5 ; H_2 < 1; C_nH_m < 2; H_2O < 3; Ar < 7; CO_2 < 1
CO_2 (4.5)	≥ 99,995	H_2O < 5; O_2 < 25; C_nH_m < 1; N_2 < 25; CO < 1
CH_4 (4.5)	≥ 99,995	N_2 < 20; O_2 < 2; H_2O < 5; CO_2 < 5; C_nH_m < 20
H_2 (5.0)	≥ 99,999	N_2 < 5; O_2 < 1; H_2O < 5; C_nH_m < 0,1; CO, CO_2 < 0,1
Synthetische Luft	≥ 99,9997 (20,5 +/- % O_2 in 79,5 +/- 0,5 % N_2)	H_2O < 2; C_nH_m < 0,05; CO, CO_2 < 0,1; NOx < 0,01; SO_2 < 0,005; H_2S < 0,005

A.2 Analytik

Im Folgenden sind die technischen Daten des verwendeten $CO/CO_2/CH_4/H_2$-Messgerätes dargestellt.

Tabelle 24: Daten der verwendeten Messgeräte

Komponente	Messprinzip/Hersteller	Messbereich in Vol.-%
CO	Infrarotmessgerät (nichtdispersiv) Hartmann & Braun Uras 14	0 – 0,0005 0 – 0,002 0 – 0,02 0 – 0,2 0 – 2,5 0 – 25
CO_2		0 – 0,25 0 – 25
CH_4		0 – 1 0 – 10
H_2	Wärmeleitfähigkeitsdetektor Hartmann & Braun Caldos 17	0 – 50 0 – 100

A.3 Ableitung der Eduktgaszusammensetzung für die *WGS*-Reaktion

Für die experimentellen Untersuchungen sowie für die Modellierung des *WGS*-Reaktors musste die Zusammensetzung eines Eduktgases definiert werden. Die Zusammensetzung wurde generiert, indem ausgehend von den Zusammensetzungen der zwei in Deutschland weitflächig verteilten Erdgase Russland und Nordsee II die jeweilige thermodynamische Gleichgewichtszusammensetzung bei der Dampfreformierung als Funktion der Temperatur berechnet wurde. Die bei der Dampfreformierung verwendeten Katalysatoren neigen zur Verkokung. Daher wird im industriellen Prozess ein Wasser/Kohlenstoff-Stoffmengenverhältnis von 3 bis 3,5 eingestellt [101]. Für die thermodynamischen Berechnungen wurde von einem Wasser/Kohlenstoff-Stoffmengenverhältnis von 3 und von einem Betrieb des Prozesses bei 1 bar ausgegangen. Bei diesen Betriebsbedingungen wird die höchste Wasserstoffausbeute bei einer Temperatur von ca. 700 °C erreicht (Abbildung 54).

In Tabelle 25 sind die Zusammensetzungen einiger der in Deutschland flächendeckend verteilten Erdgase aufgelistet.

Tabelle 25: Zusammensetzung der am häufigsten in Deutschland verteilten Erdgase [10]

	CH_4 in %	C_2H_6 in %	C_3H_8 in %	C_4H_{10} in %	CO_2 in %	N_2 in %
Russland	98,3	0,5	0,2	0,1	0,1	0,8
Nordsee I	88,6	8,4	1,7	0,7	0	0,6
Nordsee II	83,0	11,6	3,1	0,5	0,3	1,5

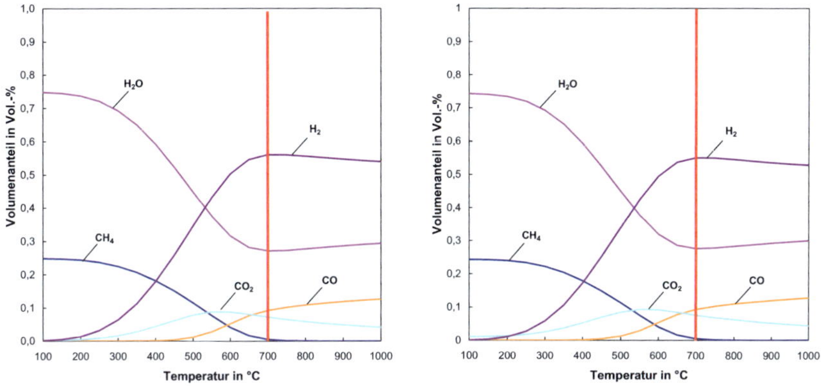

Abbildung 54: Thermodynamische Gleichgewichtszusammensetzungen zweier Erdgase nach Reformierung mit einem S/C-Stoffmengenverhältnis von 3 bei einem Druck von 1 bar [102]. ***Links:*** Russland. ***Rechts:*** Nordsee II

Die in Abbildung 54 nicht dargestellten Komponenten, wie Ethan, Propan, Butan und Stickstoff sind unter einem Prozent im Gas enthalten. Für die Zusammensetzung des Modellgases wurden nur die Hauptkomponenten der beiden Reformatgase berücksichtigt und arithmetisch gemittelt. Unter Vernachlässigung der Spurenkomponenten kann die reale Gaszusammensetzung gut beschrieben werden (siehe Tabelle 26).

Tabelle 26: Refomatgaszusammensetzungen im thermodynamischen Gleichgewicht bei einer Reformiertemperatur von 700 °C. Die Zusammensetzung des Modellgases im Eingang zur *WGS* ergibt sich als Mittelwert der Hauptkomponenten der zwei Reformatgase [102]

	in %		
Komponente	**Russland**	**Nordsee II**	**Modellgas**
H_2O	27,05	27,56	$27{,}36 \pm 0{,}23$
CH_4	0,50	0,46	$0{,}48 \pm 0{,}01$
N_2	0,13	0,22	---
C_2H_6	6,20E-7	5,56E-7	---
C_3H_8	3,25E-12	2,79E-12	---
C_4H_{10}	1,64E-17	1,35E-17	---
CO_2	7,18	7,53	$7{,}36 \pm 0{,}18$
H_2	55,97	54,95	$55{,}56 \pm 0{,}51$
CO	9,17	9,27	$9{,}24 \pm 0{,}05$

B Katalysatoren

B.1 Aufbringen von Kupfer und Zink auf die Waben

Der mit einem Schrumpfschlauch ummantelte Wabenträger wurde mehrfach in eine gesättigte $Cu(NO_3)_2$-/$Zn(NO_3)_2$-Lösung getaucht. Durch den Schrumpfschlauch wird verhindert, dass sich Aktivkomponenten an der äußeren Rohrwand ablagern. Die Massenzunahme des Wabenträgers ist daher direkt proportional zur Masse an Kupfer und Zink, welche sich auf dem Washcoat aus γ-Al_2O_3 ablagert.

Der Ablauf der Tauchmethode gliedert sich in folgende Teilschritte [76]:

1. Trocknen des unbehandelten Wabenträgers im Trockenschrank (ϑ = 106 °C), wiegen (m_0),
2. mit Schrumpfschlauch ummanteln,
3. mehrfaches Eintauchen in die $Cu(NO_3)_2$-/$Zn(NO_3)_2$-Lösung (je 15 min), dazwischen
4. überschüssige Flüssigkeit entfernen,
5. trocknen (ϑ = 106 °C) und Schrumpfschlauch entfernen,
6. kalzinieren,
7. wiegen (m_1),
8. reduzieren (nach Einbau in Laboranlage).

Durch den vorhandenen Bodensatz bleibt die Lösung gesättigt. Dadurch wird das Risiko verringert, dass bei erneutem Eintauchen bereits abgeschiedenes Kupfer bzw. Zink wieder in Lösung geht. In Abbildung 55 sind Aufnahmen des Wabenträgers nach den Teilschritten 1, 5 und 6 gezeigt.

a. unbehandelt (nach Teilschritt 1) — b. nach dem Tränken (nach Teilschritt 5) — c. nach dem Kalzinieren (nach Teilschritt 6)

Abbildung 55: Wabenträger während des Aufbringens von Cu und Zn [76]

Tabelle 27 gibt eine Übersicht über die nach dieser Methode hergestellten Wabenkatalysatoren und über die Versuchsbedingungen der Kalzinierung und der Reduktion:

Tabelle 27: Übersicht über die hergestellten Cu/ZnO-Wabenkatalysatoren [76]

Interne Bezeichnung	m_0 / g	Kalzinierung	m_1 / g	Δm / g	Reduktion
Cu/ZnO_1	166,0	$\Delta T/\Delta t$ = 10 K/min ϑ_{max} = 500 °C t_{gesamt} = 5 h	170,9	4,9	$\Delta T/\Delta t$ = 2 K/min ϑ_{max} = 210 °C t_{gesamt} = 16 h ${}^{V}\Phi_N$ = 40 L/h y_{H_2} = 10 Vol.-% y_{N_2} = 90 Vol.-%
Cu/ZnO_2	166,7	wie CuZnO_1	172,5	5,8	wie CuZnO_1

Die Massezunahme Δm entspricht der aufgebrachten Masse an Kupfer- und Zinkoxid. Aus den in Tabelle 28 dargestellten Elementaranalysen berechnen sich die Massen an Kupfer und Zinkoxid für den Katalysator Cu/ZnO_1 zu 0,81 g und 3,88 g und für den Cu/ZnO_2 zu 1,84 g und 3,49 g.

B.2 Analysen der getesteten Katalysatoren

Die Katalysatorbeschichtung der Waben erwies sich als mechanisch sehr stabil. Erst durch Hämmern auf die Wabe konnten geringe Mengen (> 5 mg) der Beschichtung abgelöst werden. Die Proben wurden am Forschungszentrum Karlsruhe am Institut für Materialforschung 1 analysiert. Die Proben wurden in einem Säuregemisch mittels eines Mikrowellendruckaufschlusses in Lösung gebracht. Die mit * gekennzeichneten

Elemente wurden mit der semiquantitativen ICP-OES Multielementanalyse, die mit ** gekennzeichneten mit der RFA quantifiziert. Die Analysenergebnisse aus der ICP-OES können aufgrund der nicht angepassten Matrices und Konzentrationen der Kalibrierlösungen mit einem maximalen relativen Fehler von ± 30 % behaftet sein. Mit der RFA wurden außerdem in allen Proben S, Cl und Si als Verunreinigung detektiert. Deren Massenanteile liegen zwischen 0,01 und 1,0 %.

Tabelle 28: Elementarzusammensetzungen der getesteten *WGS*-Katalysatoren

	Au/CeO$_2$	**Pt/CeO$_2$_01**	**Pt/CeO$_2$_02**	**Ru**	**Cu/ZnO_1**	**Cu/ZnO_2**	**Cu/ZnO/Al$_2$O$_3$ (Pulver)**
	%	**%**	**%**	**%**	**%**	**%**	**%**
Cu*	**0,12 ± 0,04**	*< 0,02*	*< 0,02*	*< 0,02*	**13,97 ± 0,65**	**26,34 ± 0,49**	**37,87 ± 0,28**
Zn*	*< 0,02*	*< 0,02*	*< 0,02*	*< 0,02*	**53,24 ± 0,33**	**39,89 ± 0,79**	**22,14 ± 0,13**
Au*	**0,65 ± 0,02**	*< 0,02*	*< 0,02*	*< 0,02*	*< 0,02*	*< 0,02*	< 0,02
Pt*	*< 0,02*	**3,47 ± 0,08**	**1,40 ± 0,07**	*< 0,02*	*< 0,02*	*< 0,02*	< 0,02
Ru*	*< 0,02*	**1,29 ± 0,01**	**0,22 ± 0,04**	***9,75*** **± 1,08**	*< 0,02*	*< 0,02*	< 0,02
Al*	**22,48 ± 0,30**	**11,91 ± 0,33**	**9,45 ± 0,75**	**15,57 ± 0,42**	**4,03 ± 0,42**	**4,94 ± 0,18**	**9,21 ± 0,13**
Ce*	**22,50 ± 0,47**	**33,96 ± 0,64**	**34,5 ± 1,11**	< 0,02	**2,10 ± 0,24**	**2,47 ± 0,08**	**0,04 ± 0,003**
Ag**	**0,55**	**0,52**	**0,70**	**0,26**	**0,028**	**0,02**	*< 0,02*
Ba**	**0,002**	**0,008**	**0,006**	**0,002**	< 0,002	< 0,002	*< 0,02*
Ca**	**0,015**	**0,021**	**0,007**	**0,017**	< 0,01	< 0,01	**0,014**
Co	< 0,001	< 0,001	< 0,001	**0,026**	< 0,001	< 0,001	< 0,001
Cr**	**0,56**	**0,30**	**1,3**	**0,24**	**0,018**	**0,034**	*< 0,01*
Fe**	**1,8**	**0,91**	**3,6**	**0,82**	**0,034**	**0,054**	**0,19**
Hf**	*< 0,003*	**0,16**	*< 0,003*	*< 0,003*	*< 0,002*	*< 0,002*	*< 0,002*
K**	*< 0,005*	**0,016**	*< 0,005*	*< 0,005*	*< 0,01*	*< 0,01*	**0,086**
Mg**	**0,025**	**0,24**	**0,036**	**0,011**	**0,005**	**0,006**	**0,006**
Mn**	**0,013**	**0,016**	**0,013**	*0,013*	*< 0,001*	*< 0,001*	*< 0,001*
Na**	**0,034**	**0,072**	**0,026**	**0,043**	**0,016**	**0,018**	**0,037**
Ni**	**0,58**	**0,53**	**0,71**	**0,026**	**0,022**	**0,017**	**0,005**
Pd**	*< 0,02*	**0,046**	**0,045**	*< 0,005*	*< 0,005*	*< 0,005*	*< 0,005*
Ti**	**0,009**	**0,015**	*< 0,01*	**13,3**	**0,004**	**0,004**	*< 0,002*
V**	**0,010**	*< 0,01*	*< 0,01*	*< 0,01*	*< 0,01*	*< 0,01*	*< 0,01*
Y**	*< 0,004*	**0,005**	*< 0,004*	*0,006*	*< 0,004*	*< 0,004*	*< 0,004*
Yb**	*< 0,002*	**0,009**	**0,005**	*< 0,002*	*< 0,002*	*< 0,002*	*< 0,002*
Zr**	**0,008**	**7,4**	**7,0**	*0,01*	*< 0,005*	*< 0,005*	*< 0,005*

Die hohen Gehalte an Fe, Cr und Ni deuten auf eine Verunreinigung der Proben durch Stahlpartikeln während der Probenahme hin.

C Validierung der getroffenen Annahmen bei der Untersuchung zur Formalkinetik

Bei der Ermittlung der Formalkinetik der *WGS*- als auch der Methanisierungsreaktion wurde ein idealer Strömungsrohrreaktor zugrunde gelegt. Im Folgenden soll diese Annahme durch eine Abschätzung der axialen Dispersion überprüft werden.

C.1 Abschätzung der axialen Dispersion

Für die mathematische Modellierung des Umsatzverhaltens in Kap. 5.9.1 und Kap. 5.9.2 wurde der Reaktor als ideales Strömungsrohr behandelt, d. h., die axiale Dispersion wurde vernachlässigt.

Das Verweilzeitverhalten eines realen Reaktors liegt zwischen dem des idealen Rührkessel und dem des idealen Strömungsrohrs. Mit der Bodensteinzahl, die das Verhältnis aus Konvektion und Diffusion darstellt, kann der Einfluss der axialen Dispersion auf das Verweilzeitverhalten im Reaktor abgeschätzt werden. Für Bodenstein-Zahlen > 100 kann für die Beschreibung des Umsatzverhaltens ein idealer Strömungsrohrreaktor zugrunde gelegt werden.

$$Bo = \frac{u_0 \cdot L}{D_{ax}} \qquad \text{(Gl. 66)}$$

Um den axialen Dispersionskoeffizienten zu berechen muss zwischen Rohrreaktor und Festbettreaktor unterschieden werden.

Festbettreaktor – Pulverschüttung

Für die Berechnung des axialen Dispersionskoeffizienten in Zufallsschüttungen wird im VDI-Wärmeatlas [103] die folgende Formel empfohlen:

$$\frac{D_{ax}}{D_{i,j}} = \frac{D_{Schütt}}{D_{i,j}} + \frac{Pe_0}{K_{ax}} \qquad \text{(Gl. 79)}$$

mit: $D_{i,j}$: mittlerer molekularer Diffusionskoeffizient des Reaktionsgases (im Leerrohr)

$D_{Schütt}$: Diffusionskoeffizient in der Schüttung

Pe_0: Péclet-Zahl für Stofftransport

K_{ax}: Konstante

Für Schüttungen aus gleich großen Kugeln kann der Wert der Konstante K_{ax} mit 2 belegt werden. Das Verhältnis $\frac{D_{Schütt}}{D_{i,j}}$ wird mit (Gl. 80) bestimmt.

$$\frac{D_{Schütt}}{D_{i,j}} = 1 - \sqrt{1 - \psi} \qquad \text{(Gl. 80)}$$

mit: ψ: Schüttporosität

Die Péclet-Zahl wird mit dem Partikeldurchmesser d_p gebildet:

$$Pe_0 = \frac{u_0 \cdot d_P}{D_{i,j}} \qquad \text{(Gl. 81)}$$

Der Diffusionskoeffizient im Leerraum entspricht dem binären Diffusionskoeffizienten. Er kann bei niedrigem Druck (0,1 bis 10 bar) mit einer von Fuller, Schettler und Giddings angegebenen Gleichung bestimmt werden [93].

$$D_{ij} = \frac{10^{-3} \cdot T^{1,75} \left(\frac{M_i + M_j}{M_j \cdot M_i} \right)^{0,5} \cdot 1{,}013}{p \cdot \left[\left(\sum \nu_i \right)^{1/3} + \left(\sum \nu_j \right)^{1/3} \right]^2} \qquad \text{(Gl. 82)}$$

mit: D_{ij}: binärer Diffusionskoeffizient in m^2/s

M_i, M_j: Molare Masse der Komponente i, j in g/mol

ν_i, ν_j: Diffusionsvolumen der Komponente i

T: Reaktortemperatur in K

Die Bodenstein-Zahl wurde jeweils für den bei der experimentellen Untersuchung des Umsatzverhaltens der *WGS*- und der Methanisierungsreaktion vorliegenden ungünstigsten Fall abgeschätzt. Die für die Abschätzungen verwendeten Parameter sind in Tabelle 29 und Tabelle 30 angeführt.

Tabelle 29: Abschätzung der Bodenstein-Zahl – *WGS*

Druck	p in bar	1
Schüttungshöhe	h in m	0,14
Normvolumenstrom	${}^{V}\Phi_n$ in l/h	50
Temperatur	T in °C	150
Partikeldurchmesser	d_P in µm	400
Leerrohrquerschnittsfläche	A in m²	2,97E-05
Leerrohrgeschwindigkeit	u_0 in m/s	0,725
Schüttungsporosität	Ψ	0,420
Molekulare Masse H_2	g/mol	2
Molekulare Masse H_2O	g/mol	18
Diffusionsvolumen H_2	ν_{H2}	7,07
Diffusionsvolumen H_2O	ν_{H2O}	12,7
Binärer Diffusionskoeffizient	$D_{i,j}$ in m²/s	2,37 E-04
Molekulare Peclet-Zahl	Pe_0	1,22
Konstante	K_{ax}	2
Diffusionskoeffizientenverhältnis	$D_{schütt}/D_{i,j}$	0,23
Axialer Dispersionskoeffizient	D_{ax} in m²/s	2,01E-04
Bodenstein-Zahl	**Bo**	**504**

Tabelle 30: Abschätzung der Bodenstein-Zahl – Methanisierung

Druck	p in bar	1
Schüttungshöhe	h in m	0,1
Normvolumenstrom	${}^{V}\Phi_n$ in l/h	50
Temperatur	T in °C	200
Partikeldurchmesser	d_P in µm	250
Leerrohrquerschnittsfläche	A in m²	2,97E-05
Leerrohrgeschwindigkeit	u_0 in m/s	0,81
Schüttungsporosität	Ψ	0,42
Molekulare Masse H_2	g/mol	2
Molekulare Masse H_2O	g/mol	18
Diffusionsvolumen H_2	v_{H2}	7,07
Diffusionsvolumen H_2O	v_{H2O}	1,27
Binärer Diffusionskoeffizient	$D_{i,j}$ in m²/s	2,37E-04
Molekulare Peclet-Zahl	Pe_0	0,86
Konstante	K_{ax}	2
Diffusionskoeffizientenverhältnis	$D_{schütt}/D_{i,j}$	0,24
Axialer Dispersionskoeffizient	D_{ax} in m²/s	1,58E-04
Bodenstein-Zahl	**Bo**	**514**

Die axiale Dispersion kann vernachlässigt werden (Bo > 100). Die Annahme eines idealen Strömungsrohrreaktors ist somit gerechtfertigt.

C.2 Vergleich der mathematischen Anpassung der kinetischen Ansätze für die *WGS*-Reaktion

Tabelle 31: Vergleich der Anpassung der kinetischen Ansätze an Messwerte und der Arrhenius-Auftragungen

Moe [77]

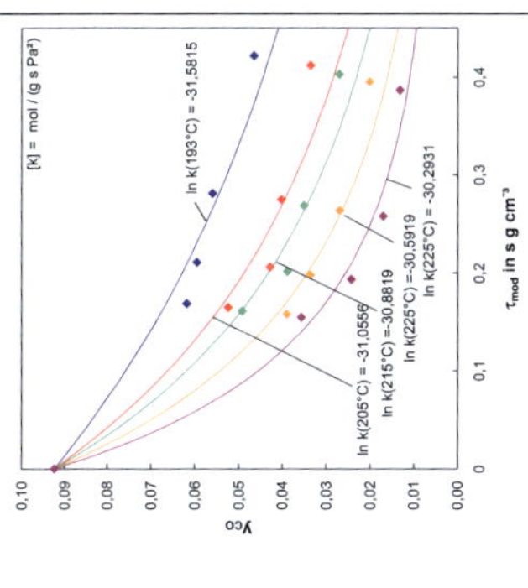

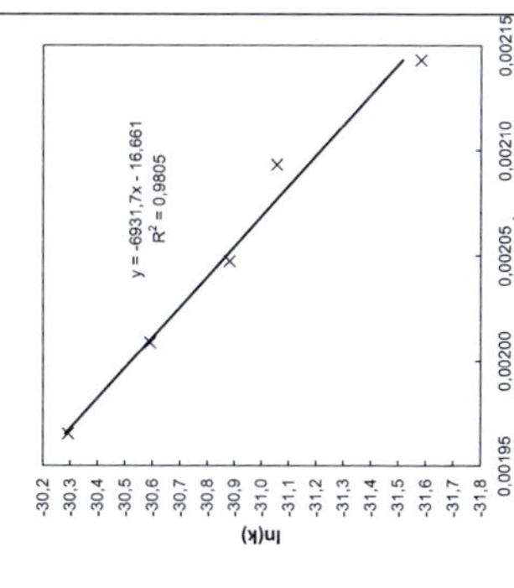

Bohlbro und Jorgensen [25]

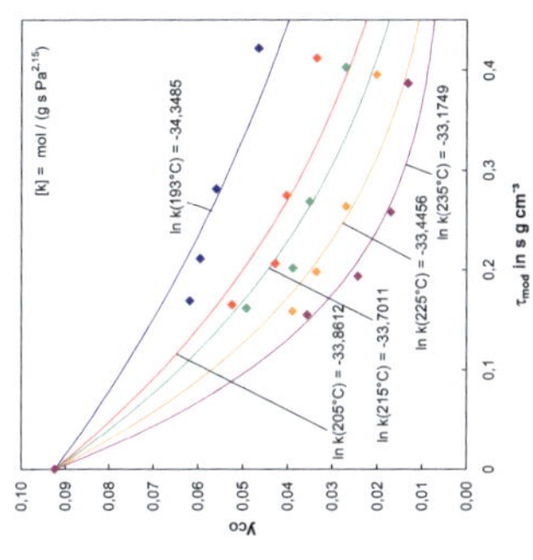

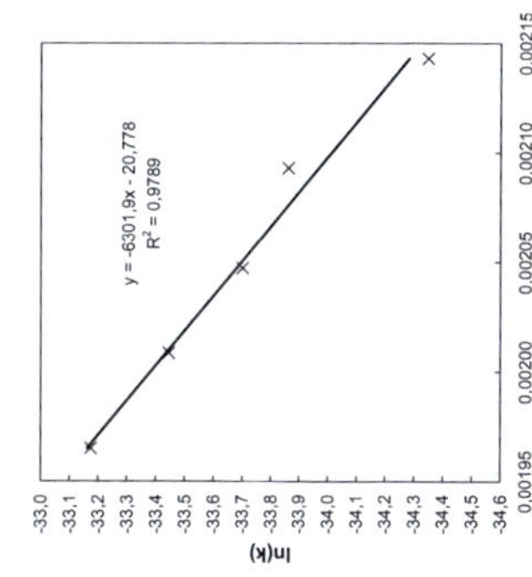

Keiski [78]

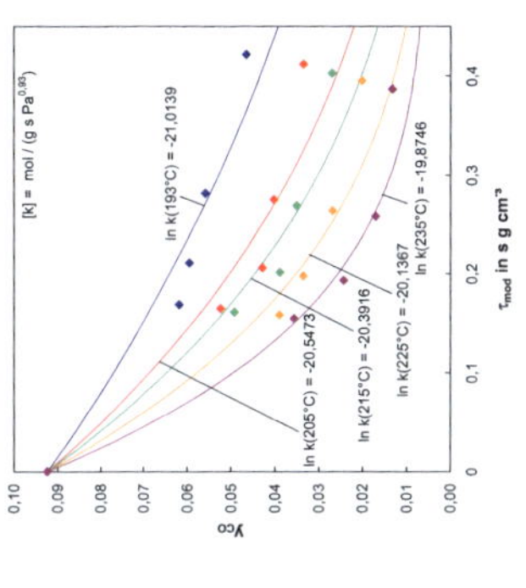

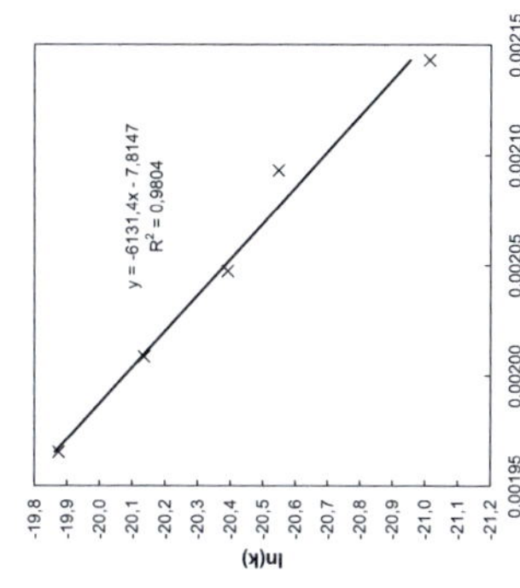

Tabelle 32: Vergleich der Güte der verwendeten Ansätze sowie die ermittelten kinetischen Parameter

Keiski [78]	Bohlbro und Jorgensen [25]	Moe [77]
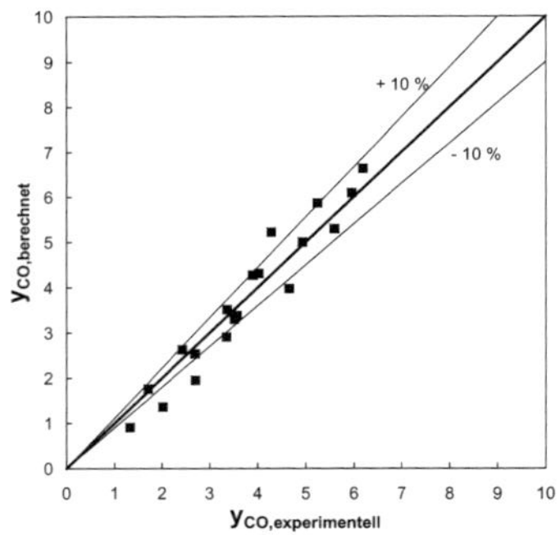 $k_0 = 4{,}038\ 10^{-4} mol/(g \cdot s \cdot Pa^{0{,}93})$ E_A = 50,98 kJ/mol Literaturangaben [78]: E_A = 42,6 kJ/mol $Cu/Zn/Al_2O_3$-Katalysator	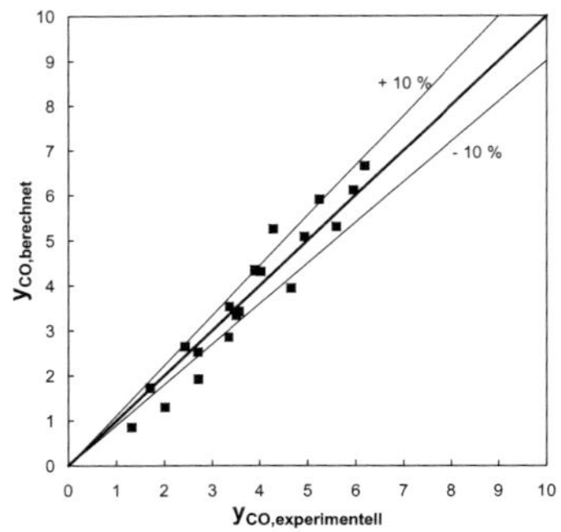 $k_0 = 9{,}467 \cdot 10^{-10} mol/(g \cdot s \cdot Pa^{2{,}15})$ E_A = 52,39 kJ/mol Literaturangaben [25]: Cu/Zn/Cr-Katalysator (Pellets)	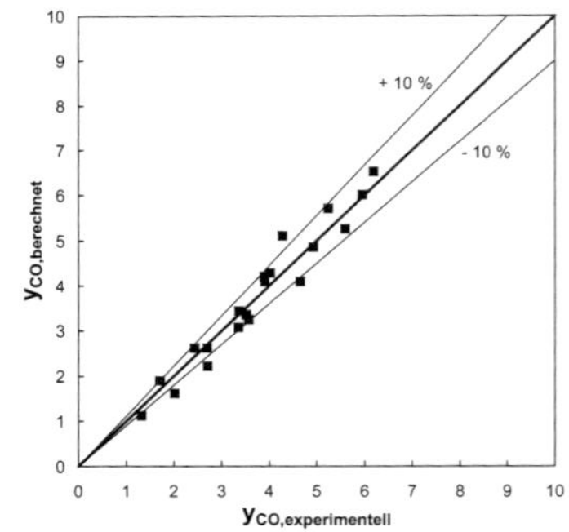 $k_0 = 5{,}811 \cdot 10^{-8} mol/(g \cdot s \cdot Pa^2)$ E_A = 57,63 kJ/mol Literaturangaben [77]: E_A = 40,7 kJ/mol Fe-Cr-Katalysator

C.3 Programm zur Anpassung der Reaktionsgeschwindigkeitskonstante an die Messwerte - *WGS*

```
****************************************************************************

function CO_Konv_Keiski_T156

%Programm zur Berechnung der Reaktionsgeschwindigkeitskonstante k

global p T D m_kat_span y_i0

 %Eingabe:
T=535.15;                                   %T in K
p=101325;                                   %Druck in Pa
y_i0=[0.0924; 0.2736; 0.0736; 0.5556; 0.0048];       %Konzentrationen am Eintritt
                                                     %1 CO, 2 H2O, 3 CO2, 4 H2,
5 CH4
D=[9.240; 4.711; 4.300; 3.647; 2.488]./100;     %Messwerte yCO,feucht

m_kat_span=[0.0000 0.1985 0.2481 0.3308 0.4961]; % modifizierte Verweilzeit in
sg/cm³

%Berechnung von k

%Funktion zur Ermittlung von k, durch Minimieren des quadratischen Fehlers
para=[2.6e-11];
options=optimset('MaxFunEvals',200,'TolX',1e-12);
[para_opt,fehler]=fminsearch(@WGS_Kin_Fit,para,options)

%Funktion die den quatratischen Fehler zw. Mess- und Rechenwert löst
function FQ=WGS_Kin_Fit(para)
global p T D m_kat_span y_i0
options=odeset('RelTol',1e-9,'AbsTol',1e-9);
[m_kat,y_i]=ode15s(@PFR_Festbett,m_kat_span,y_i0,options,para);      %Diff.-Gl-
löser

FQ=sum(sum((y_i(:,1)-D).^2));                                 %Fehlerquadrat
```

```
%Lösung der Diff.-Gl für unterschiedliche Verweilzeiten (zur Darstellung)
[m_kat_T156,y_i_T156]=ode15s(@PFR_Festbett,[0 0.55],y_i0,options,para)
%Grafik
figure(1);
   plot(m_kat_T156,y_i_T156(:,1));      %Darstellung der berechneten Werte
   grid on
   xlabel('Tau_{mod}[s*g/m^3]');
   ylabel('y_{CO}[-]');
   title('T=156 °C');
hold on
plot(m_kat_span, D,'+');              %Darstellung der Messwerte
hold off;
pause(0.01);

%Berechnung der Reaktionsgeschwindigkeit
function dy_i=PFR_Festbett(m_kat,y_i,para)
global p T
nu_WGS=[-1;-1;+1;+1;0];               %Stöchiometrie
dy_i=nu_WGS*WGS(y_i,p,T,para);

%Berechnung der Reaktionsgeschwindigkeit für ein p, T und C
function r=WGS(y_i,p,T,para)
P=y_i/sum(y_i)*p;                     %Partialdruck (jeder Komponente)
R=8.314;
k_1=para(1);
Keq_WGS=exp(4577.8/T-4.33);  %GG-Konstante
CO=1;                                 %Vektorposition der Komponente
H2O=2;
CO2=3;
H2=4;
CH4=5;
%Keiski
r=k_1*P(CO)^0.78*P(H2O)^0.15*(1-P(CO2)*P(H2)/(P(CO)*P(H2O)*Keq_WGS))
******************************************************************************
```

Für die verschiedenen formalkinetischen Ansätze wurde jeweils die letzte Zeile verändert:

```
%Bohlbro und Jorgensen
r=k_1*P(CO)^0.8*P(H2O)^0.5*P(CO2)^(-0.15)*P(H2)*(1-
P(CO2)*P(H2)/(P(CO)*P(H2O) *Keq_WGS));
%Moe
r=k_1*P(CO)*P(H2O)*(1-P(CO2)*P(H2)/(P(CO)*P(H2O)*Keq_WGS));
```

C.4 Programm zur Vorausberechnung der Konzentrationsverläufe – *WGS*

```
function LTS_isotherm_Moe
%Programmm zur Vorausberechnung der Konzentrationsverläufe von
% CO, CO2, H2, H2O und CH4 / Isothermreaktor
clear all;
close all;

global R p T T_0 y_i0 d_Kanal_leer A_Kanal_leer v_Phi_NTP Sm_Kat psi_leer
tau_mod

%Eingabe:
R=8.314;                    %Gaskonstante in J/(molK)
T_0=273.15;                 %Normtemperatur in K
T=473.15;                   %Eingangstemperatur in K
p=101325;                   %Druck in Pa

%Volumenanteile: 1 CO, 2 H2O, 3 CO2, 4 H2, 5 CH4
y_i0=[0.0924; 0.2736; 0.0736; 0.5556; 0.0048];    %Eingang Kanal
d_Kanal_leer=1e-3;                                %freier Kanaldurchmesser in m
A_Kanal_leer=pi*d_Kanal_leer^2/4;                 %freier Kanalquerschnitt in m^2
v_Phi_NTP=0.5*A_Kanal_leer*273.15/473.15;         %Eingangs-Normvolumenstrom
in m^3/s mit
                                        %0.5 m/s Strömungsgeschwindigkeit bei 200
                                        °C
Sm_Kat=500;                                       %Schüttdichte Katalysator in
kg/m^3
psi_leer=1;                                       %Leeraumanteil der Ver-
gleichsschüttung

tau_mod=0:100:1000000;                            %modifizierte Verweilzeit in g
s/m^3
```

```
                                                  %(bezogen auf realen Volumenstrom)

options=odeset('RelTol',1e-9,'AbsTol',1e-9);          %Optionen für den
                                                  %Differentialgleichungslöser ode15s

%Lösung der Diff.-Gl
[tau_mod_isotherm,y_i_isotherm]=ode15s(@PFR_Festbett,tau_mod,y_i0,options);

%Speichern der Ergebniswerte
z=tau_mod_isotherm*v_Phi_NTP*T/(psi_leer*A_Kanal_leer*Sm_Kat*T_0);    %Ka-
nal-Länge in mm
Ergebnis=[tau_mod_isotherm,z,T_Profil,y_i_isotherm];
save Ergebnis_LTS_isotherm.txt -ascii Ergebnis

%Grafik
figure(1);
plot(tau_mod_isotherm,y_i_isotherm);                  %Darstellung der be-
rechneten Werte
grid on
xlabel('\tau_{mod}[s*g/m^3]');
ylabel('y_{i}[-]');
title('T=270 °C');
hold on
hold off;
pause(0.01);

%Erzeugen eies Temperaturvektors
function T_z=T_Profil(tau_mod,y_i)
global T tau_mod
a=length(tau_mod);
T_z=T*ones(a,1);
```

```
%Berechnung der Reaktionsgeschwindigkeit
function dy_i=PFR_Festbett(tau_mod,y_i)
global R T p
nu_WGS=[-1;-1;+1;+1;0];                    %Stöchiometriefaktoren
dy_i=(1/p)*nu_WGS*R*T*WGS(y_i,p,T);         %dy/d(tau_mod) in m^3/(g*s)

function r=WGS(y_i,p,T)                     %Berechnung der Reaktionsge-
schwindigkeit für p, T, yi
global R
p_i=y_i/sum(y_i)*p;                         %Partialdruck (jeder Komponente) in
Pa
Ea=57.6e3;                                  %Aktivierungsenergie in J/mol
ko=5.8e-8;                                  %Frequenzfaktor in mol/(g*s*Pa^2)
k=ko*exp(-Ea/R/T);                          %Geschwindigkeitskonstante in
mol/(g*s*Pa^2)
Kp_WGS=exp(4577.8/T-4.33);                  %GG-Konstante WGS []
CO=1; H2O=2; CO2=3; H2=4; CH4=5;            %Vektorposition der Komponente
r=k*p_i(CO)*p_i(H2O)*(1-p_i(CO2)*p_i(H2)/(p_i(CO)*p_i(H2O)*Kp_WGS));
                                   %Reaktionsgeschwindigkeit in mol/(g*s)
```

Für die verschiedenen formalkinetischen Ansätze wurde jeweils die letzte Zeile verändert:

```
%Keiski
r=k_1*P(CO)^0.78*P(H2O)^0.15*(1-P(CO2)*P(H2)/(P(CO)*P(H2O)*Keq_WGS))
%Bohlbro
r=k_1*P(CO)^0.8*P(H2O)^0.5*P(CO2)^(-0.15)*P(H2)*(1-
P(CO2)*P(H2)/(P(CO)*P(H2O) *Keq_WGS));
```

```
function LTS_isotherm_Moe
clear all;
close all;
```

```
% Programm zur Berechnung der Konzentrationsverläufe beim LTS über Reaktor-
länge
%adiabater Reaktor


global R p T_i0 T_0 y_i0 d_Kanal_leer A_Kanal_leer v_Phi_NTP Sm_Kat psi_leer
tau_mod


%Eingabe:
R=8.314;                                 %Gaskonstante in J/(molK)
p=101325;                                %Druck in Pa
T_0=273.15;                              %Normtemperatur
T_i0=473.15;                             %T in K


%Volumenanteile: 1 CO, 2 H2O, 3 CO2, 4 H2, 5 CH4
%y_i0=[0.0924; 0.2736; 0.0736; 0.5556; 0.0048];      %Eintritt 1. Stufe
y_i0=[0.0374; 0.2186; 0.1286; 0.6106; 0.0048];       %Eintritt 2. Stufe
z_i0=0;
parameter_i0=[T_i0; y_i0];
d_Kanal_leer=1e-3;                       %freier Kanaldurchmesser in m
A_Kanal_leer=pi*d_Kanal_leer^2/4;        %freier Kanalquerschnitt in m^2
v_Phi_NTP=0.5*A_Kanal_leer*273.15/473.15;                    %Eingangs-
Normvolumenstrom in m^3/s mit
                                         %0.5 m/s Strömungsgeschwindigkeit
                                     bei 200°C
Sm_Kat=500;                              %Schüttdichte Katalysator in
kg/m^3
psi_leer=1;                              %Leeraumanteil der Ver-
gleichsschüttung
tau=0:150:1500000;                       %modifizierte Verweilzeit in g
s/m^3
                                         %(bezogen auf realen Volumenstrom)
%Lösung der Differentialgleichungen
options=odeset('RelTol',1e-9,'AbsTol',1e-9);        %Optionen für den
```

```
                                          %Differentialgleichungslöser ode15s
[tau_mod,parameter_i]=ode15s(@PFR_Festbett,tau,parameter_i0,options)
                                          %Lösung der Differentialgleichung

%Speichern der Ergebniswerte
T=parameter_i(:,1)
z=tau_mod.*T*v_Phi_NTP/(psi_leer*A_Kanal_leer*Sm_Kat*T_0);  %Kanal-Länge in mm
Ergebnis=[tau_mod, z, parameter_i];
save Ergebnis_LTS_adiabat.txt -ascii Ergebnis

%Grafik
figure(1);
plotyy(tau_mod, parameter_i(:,2:6),tau_mod, parameter_i(:,1));         %Darstellung der berechneten Werte
grid on
xlabel('\tau_{mod}[s*g/m^3]');
ylabel('y_{i}[-]');
title('T=200 °C');
hold on
hold off;
pause(0.01);

%Berechnung der Reaktionsgeschwindigkeit
function zellwerte_i=PFR_Festbett(tau_mod,parameter_i)
global R p v_Phi_NTP
T_i=parameter_i(1)
y_i=[parameter_i(2); parameter_i(3); parameter_i(4); parameter_i(5); parameter_i(6)];
p_i=y_i*p;                                %Partialdruck (jeder Komponente) in Pa
Ea=57.6e3;                                %Aktivierungsenergie in J/mol
ko=5.8e-8;                                %Frequenzfaktor in mol/(g*s*Pa^2)
```

```
k=ko*exp(-Ea/R/T_i);                              %Geschwindigkeitskonstante in
mol/(g*s*Pa^2)

Kp_WGS=exp(4577.8/T_i-4.33);                      %GG-Konstante WGS []

CO=1; H2O=2; CO2=3; H2=4; CH4=5;                  %Vektorposition der Kompo-
nente

nu_WGS=[-1;-1;+1;+1;0];                           %Stöchiometriefaktoren

r=k*p_i(CO)*p_i(H2O)*(1-p_i(CO2)*p_i(H2)/(p_i(CO)*p_i(H2O)*Kp_WGS));

                                                  %Reaktionsgeschwindigkeit in
mol/(g*s)

dy_i=(R*T_i/p)*nu_WGS*r;                          %dy/d(tau_mod) in m^3/(g*s)


%Berechnung der molaren Wärmekapazität der Mischung

%Approximation durch Polynome nach Dr.- Ing. Michael Kleiber, Karlsruhe,

%und Dr. rer. nat. Ralph Joh, Frankfurt/Main

%VDI- Wärmeatlas, © Springer- Verlag Berlin Heidelberg 2006


cpm_CO=28.0101*1/1000*(1048.4-0.152*T_i+0.000477*T_i^2-0.00000019*T_i^3-
0.000000022*T_i^(-2));

cpm_H2O=18.01528*1/1000*(1833.1-0.035*T_i+0.000696*T_i^2-
0.000000215*T_i^3-0.000000026*T_i^(-2));

cpm_CO2=44.0095*1/1000*(617.3+0.95*T_i-
0.000388*T_i^2+0.00000005*T_i^3+0.000000189*T_i^(-2));

cpm_H2=2.01588*1/1000*(13973.4+1.256*T_i-0.000892*T_i^2+0.00000066*T_i^3-
0.000000229*T_i^(-2));

cpm_CH4=16.04246*1/1000*(1282.5+2.828*T_i+0.001308*T_i^2-
0.000000879*T_i^3-0.000000074*T_i^(-2));

cpm_M=parameter_i(2)*cpm_CO+parameter_i(3)*cpm_H2O+parameter_i(4)*cpm_C
O2+parameter_i(5)*cpm_H2+parameter_i(6)*cpm_CH4;


%Berechnung der Temperaturerhöhung in der aktuellen Zelle

dT_i=r*(R*T_i/p)*41200/cpm_M;


zellwerte_i=[dT_i; dy_i];
```

C.5 Bestimmung der reaktionskinetischen Parameter für die *SelMeth.*

Die Aktivierungsenergien und die Frequenzfaktoren der CO- und der CO_2-Methanisierung wurden aus Abbildung 56 ermittelt.

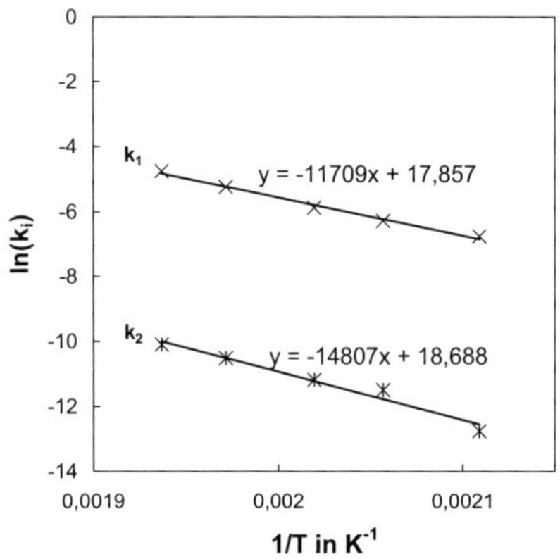

Abbildung 56: Arrhenius-Diagramm zur Bestimmung der reaktionstechnischen Daten für die simultane Hydrierung von CO und CO_2

Um eine Aussage über die Güte der ermittelten kinetischen Parameter treffen zu können, wurden Paritäts-Diagramme erstellt.

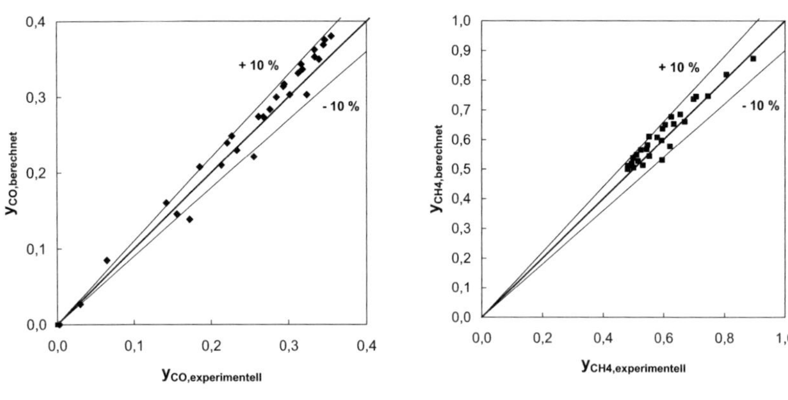

Abbildung 57: Paritäts-Diagramme für Kohlenstoffmonoxid und Methan

Abbildung 58 zeigt das Ergebnis der Vorausberechnung mit dem in [52] entwickelten Gleichungssystem für die bei 4 bar ermittelten kinetischen Parameter bei einem Gesamtdruck von 1 bar.

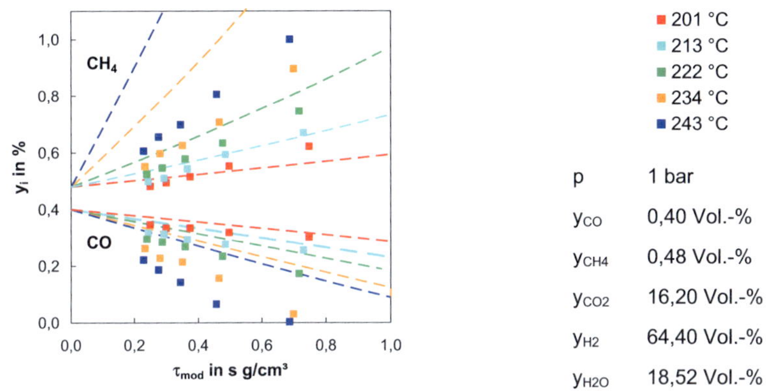

Abbildung 58: Vergleich der Modelldaten der selektiven CO-Methanisierung aus den kinetischen Parametern für 4 bar [52] mit den bei 1 bar ermittelten Messergebnissen (Symbole) [79]

Im Vergleich dazu ist in der unten nochmals gezeigten Abbildung 28 das Ergebnis der Vorausberechnung mit dem in dieser Arbeit entwickelten vereinfachten Gleichungssystems, mit den in Tabelle 18 gelisteten kinetischen Parametern, aufgeführt.

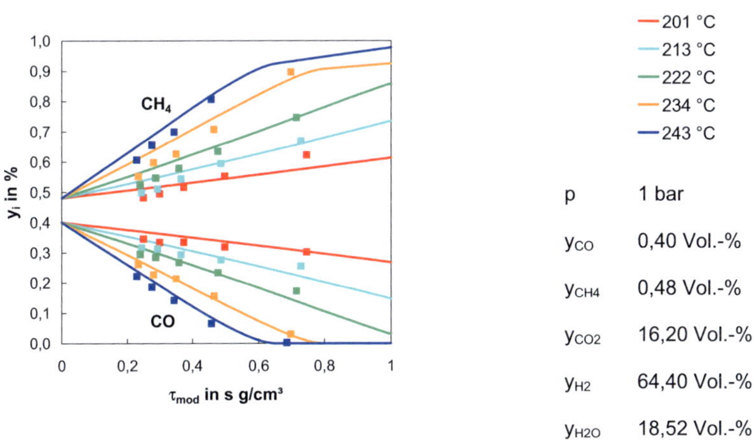

Abbildung 28: Vergleich der Modelldaten der selektiven CO-Methanisierung mit den Messergebnissen (Symbole) [79]

Das in Kapitel 5.9.2 gezeigte Differentialgleichungssystem ergibt sich aus den Gl. 55 und 58 bei Vernachlässigen des Ausdrucks für ${}^{m}r_3$. Es lautet wie folgt:

$$-{}^{m}r_{co} = {}^{m}r_1 = \frac{k_1 \cdot K_C \cdot K_H^2 \cdot p_{CO}^{0,5} \cdot p_{H_2}}{\left(1 + K_C \cdot p_{CO}^{0,5} + K_H \cdot p_{H_2}^{0,5}\right)^3} \qquad \text{(Gl. 83)}$$

$$-{}^{m}r_{CO_2} = {}^{m}r_2 = \frac{k_2 \cdot p_{CO_2}^{0,14}}{\left(1 + K_C \cdot p_{CO}^{0,5}\right)^2} \qquad \text{(Gl. 84)}$$

$${}^{m}r_{CH_4} = {}^{m}r_1 + {}^{m}r_2 = \left(\frac{k_1 \cdot K_C \cdot K_H^2 \cdot p_{CO}^{0,5} \cdot p_{H_2}}{\left(1 + K_C \cdot p_{CO}^{0,5} + K_H \cdot p_{H_2}^{0,5}\right)^3} + \frac{k_2 \cdot p_{CO_2}^{0,14}}{\left(1 + K_C \cdot p_{CO}^{0,5}\right)^2}\right) \qquad \text{(Gl. 85)}$$

C.6 Programm zur Anpassung der Reaktionsgeschwindigkeits-konstanten an Messwerte – *SelMeth.*

```
% Programm zur Anpassung der Messwerte der sel. CO-Methanisierung
% Hauptprogramm


global least_square po para04000 k1 k2 k4 k5


k1=4e-4;
k2=8e-6;

 para04000=[k1 k2];

 options = optimset('MaxFunEvals',50, 'TolX',1e-7);
 para_opt = fminsearch('bfit4000',para04000,options);

 %Ergebnisse
 disp('Start parameter:')
 format compact
 format short e
 para04000
 disp('Parameter gefittet:')

 format compact
 format short e
 para_opt

 disp('Minimierung:')
 format compact
 format short e
 least_square
```

....
....

```
% bfit03.m

%Unterprogramm zur Lösung der Gleichungssysteme und zur Anpassung der Messwerte an die
%modellierten Daten.

function least_square = bfit4000(para04000);

global T p_tot T0 least_square p

%EXPERIMENTELLE WERTE

% xCO
d = [0.4e-2  0.2949e-2 0.2843e-2 0.2675e-2 0.2337e-2 0.1725e-2]';  %222°Cfeucht
% xCH4
q = [0.48e-2  0.5244e-2 0.5467e-2 0.5787e-2 0.6340e-2 0.7460e-2]'; %222° feucht
% xC2+
r = [0  0  0  0  0  0]'; % 2.3014e-04
% xCO2
o = 0.1620*ones(1,6)';

tm = [0 0.07944 0.09532 0.1192 0.1589 0.2383]*1000*0.003;  %g*s/l  222°C

po = 1*[4000 162000 4800 0]*1e-6; %Anfangspartialdruck CO, CO2, CH4 und C2+
p_tot = 1;    % bar

%LÖSUNG DER DIFERENTIALGLEICHUNG
 options = [];
        [t,p] = ode45('bkinet4000',tm,po,options,para04000);
```

```
                    if    (imag(p(length(tm),1))~=0    |    imag(p(length(tm),2))~=0    |
imag(p(length(tm),3))~=0 | imag(p(length(tm),4))~=0)
                        least_square = 1000000
                        disp('NUMEROS IMAGINARIOS')
                        return
        else
         x1 = p(:,1)/p_tot;   % CO-Stoffmengengehalt
                        x2 = p(:,2)/p_tot;   % CO2-Stoffmengengehalt
         x3 = p(:,3)/p_tot;   % CH4-Stoffmengengehalt
                        x4 = p(:,4)/p_tot;   % C2+-Stoffmengengehalt

        A = [t,x1];   % Matrizen der gefitteten Werte:
        B = [t,x2];
            C = [t,x3];
                    D = [t,x4];

F = [t,d]                    %CO    Matrizen der Messergebnisse:
G = [t,o];                   %CO2
H = [t,q];           %CH4
N = [t,r];           %C2+

% Berechnung des kleinsten Fehlerquadrates
   for n=1:length(A(:,2))
        if A(n,2)<=0
         f1(n)=0;
        else
   f1(n) = (F(n,2)-A(n,2))./F(n,2);
        end
        end
   f2=(f1.^2)';
```

```
% CH4
  for n=1:length(C(:,2))
        if C(n,2)==0
              k1(n)=0;
            else
      k1(n) = (C(n,2) - H(n,2))./C(n,2);
        end
      end
  k2=(k1.^2)';

% C2+
  for n=1:length(D(:,2))
                if D(n,2)==0
                  o1(n)=0;
                    else
          o1(n) = (D(n,2) - N(n,2))./D(n,2);
                    end
   end
   o2=(o1.^2)';
least_square= (sum(f2) + sum(k2) + sum(o2));
end

%Grafik:
figure(1);
   plot (F(:,1),F(:,2),'*',G(:,1),G(:,2),'.',H(:,1),H(:,2),'+',N(:,1),N(:,2),'x');
   axis([0 0.8 0 0.015])
   xlabel('mod. Verweilzeit t_v in g*s/dm^3')
   ylabel('Stoffmengenanteil x_CO')
   grid on
   legend('c_C_O','c_C_O_2','c_C_H_4','c_C_2_+')
 hold on
```

```
plot(A(:,1),A(:,2),'-',B(:,1),B(:,2),'-',C(:,1),C(:,2),'-',D(:,1),D(:,2),'-');
hold off
pause (0.01);



% Unterprogramm zur Berechnung der CO-Methanisierungs-Kinetik
function cd = bkinet1000(t,p,flag,para04000)
global T T0 p_tot V V0 tv R ea1 ea2 ea3 ea4 ea5 k1o k2o k3o k4o k5o

T=222;
ea1=para04000(1);
ea2=para04000(2);
ea3=para04000(3);
ea4=para04000(4);
ea5=para04000(5);
k1=para04000(6);
k2=para04000(7);
k3=para04000(8);
k4=para04000(9);
k5=para04000(10);
k1=exp(-ea1/(8.314e-3*(273.15+T)))*k1o;
k2=exp(-ea2/(8.314e-3*(273.15+T)))*k2o;
k3=exp(-ea3/(8.314e-3*(273.15+T)))*k3o;
k4=exp(-ea4/(8.314e-3*(273.15+T)))*k4o;
k5=exp(-ea5/(8.314e-3*(273.15+T)))*k5o;

% Reaktionsgeschwindigkeiten
 cd = zeros (size (p));

R=8.314;    %Gaskonstante in J/(mol/K)
```

```
ph2=0.644;  %Partialdruck H2=const
CO=1;
H2O=2;
CO2=3;
H2=4;
CH4=5;

%CO
if P(1)>0
  r(1) =-(R*1e-2*(T+273.15))*(k1*k4*(k5^2)*ph2*P(1)^0.5)/((1+k4*(P(1)^0.5)+k5*ph2^0.5)^3)
     %     -(R*1e-2*(T+273.15))*(k3*(k4^(2))*P(1))/((1+k4*(P(1)^0.5)+k5*ph2^0.5)^2); %[dm^3 /(g s)]
else
   P(1)=0;
        r(1)=0;
end

% CO2
r(2)= -(R*1e-2*(T+273.15))*k2*(P(2)^0.144)/((1+k4*(P(1)^0.5))^2); %[dm^3 bar/(g s)]

% CH4
r(5) =(R*1e-2*(T+273.15))*(k1*k4*(k5^2)*ph2*P(1)^0.5)/((1+k4*(P(1)^0.5)+k5*ph2^0.5)^3)
    +(R*1e-2*(T+273.15))*k2*(P(2)^0.144)/((1+k4*(P(1)^0.5))^2);
```

C.7 Programm zur Vorausberechnung der Konzentrationsverläufe – *SelMeth.*

```
function MET_isotherm


%Programmm zur Vorausberechnung der Konzentrationsverläufe von
% CO, CO2, H2, H2O und CH4 / Isothermreaktor
clear all;
close all;


global p T R tm y_i0 r ea1 ea2 ea3 hsc hsh k1o k2o k3o kc kh para d_Kanal_leer
A_Kanal_leer v_Phi_NTP Sm_Kat psi_leer tau_mod


%kinetische Parameter für die Reaktionen
%1: CO+3H2=CH4+H2O
%2: CO2+4H2=CH4+2H2O
%3: CO zu C2+ (Fischer-Tropsch, hier vernachlässigt)
%c: Adsorption von CO an der Katalysatoroberfläche
%h: Adsorption von H2 an der Katalysatoroberfläche
ea1=97.4;                    %EA1 in KJ/mol
ea2=123.1;                   %EA2 in KJ/mol
ea3=0;                       %EA3 in KJ/mol
hsc=-63.5;                   %Hs(C) in KJ/mol
hsh=-36.2;                   %Hs(H) in KJ/mol
k1o=5.7e7;                   %k1 in mol/(g*s)
k2o=1.3e8;                   %k2 in mol/(g*s*bar^0.14)
k3o=0;                       %k3 in mol/(g*s)
kc=5.5e-6;                   %KC in bar^0.5
kh=1.6e-4;                   %KH in bar^0.5


d_Kanal_leer=1e-3;                       %freier Kanaldurchmesser in m
A_Kanal_leer=pi*d_Kanal_leer^2/4;        %freier Kanalquerschnitt in m^2
```

```
v_Phi_NTP=0.5*A_Kanal_leer*273.15/473.15;      %Eingangs-Normvolumenstrom in m^3/s mit 1 m/s Strömungsgeschwindigkeit bei 200°C
Sm_Kat=500;                     %Schüttdichte Katalysator in kg/m^3
psi_leer=1;                     %Leeraumanteil der Vergleichsschüttung

%Dateneingabe
R=8.314;                        %Gaskonstante in J/(mol*K)
T=543.15;                       %Eingangstemperatur in K
T_0=273.15;                     %Normtemperatur in K
p=101325;                       %p in Pa
%Eingangs-Volumenateile 1 CO, 2 H2O, 3 CO2, 4 H2, 5 CH4
%y_i0=[0.0177; 0.1989; 0.1483; 0.6303; 0.0048];   %Variante1a & 5a
%y_i0=[0.0137; 0.1949; 0.1523; 0.6343; 0.0048];   %Variante2a & 6a
%y_i0=[0.0097; 0.1909; 0.1563; 0.6383; 0.0048];   %Variante3a & 7a
%y_i0=[0.0057; 0.1869; 0.1603; 0.6423; 0.0048];   %Variante4a & 8a
y_i0=[0.0374; 0.2186; 0.1286; 0.6106; 0.0048];    %Variante9-25

para=[ea1 ea2 ea3 hsc hsh k1o k2o k3o kc kh];     %Array der kinetischen Daten
tau_mod=0:0.5:5000;                               %modifizierte Verweilzeit in g s/m^3
                                                  %(bezogen auf realen Volumenstrom)



options=odeset('RelTol',1e-9,'AbsTol',1e-9)       %Optionen für den Differentialgleichungslöser ode15s

%Lösung der DGL
format short e
[tau_mod_isotherm,y_i_isotherm]=ode15s(@PFR_Festbett,tau_mod,y_i0,options,para)

%Speichern der Ergebniswerte
z=tau_mod_isotherm*v_Phi_NTP*T/(0.003*psi_leer*A_Kanal_leer*Sm_Kat*T_0);
```

```
%Reaktor-Längenkoordinate in mm
Ergebnis=[tau_mod_isotherm,z,T_Profil,y_i_isotherm];
save Ergebnis_MET_isotherm.txt -ascii Ergebnis

%Darstellung der berechneten Werte
figure(1);
   plot(tau_mod_isotherm,y_i_isotherm(:,1), tau_mod_isotherm,y_i_isotherm(:,5));
   grid on
   xlabel('\tau_{mod}[s*g/m^3]');
   ylabel('y_{i}[-]');
   title('T = 180 °C');
hold on
hold off;
pause(0.01);

%Erzeugen eies Temperaturvektors
function T_z=T_Profil(tau_mod,y_i)
global T tau_mod
a=length(tau_mod);
T_z=T*ones(a,1);

%Berechnung der Reaktionsgeschwindigkeit
function dy_i=PFR_Festbett(m_kat,y_i,para)
global p T R
dy_i=MET(y_i,p,T,para);                                    %dy/d(tau_mod) in
m^3/(g*s)

function r=MET(y_i,p,T,para);
P=y_i*p*1e-05;                                        %Partialdrücke in bar

 ea1=para(1);
 ea2=para(2);
```

```
ea3=para(3);
hsc=para(4);
hsh=para(5);
k1o=para(6);
k2o=para(7);
k3o=para(8);
kc=para(9);
kh=para(10);
k1=exp(-ea1/(8.314e-3*T))*k1o;
k2=exp(-ea2/(8.314e-3*T))*k2o;
k3=exp(-ea3/(8.314e-3*T))*k3o;
k4=exp(-hsc/(8.314e-3*T))*kc;
k5=exp(-hsh/(8.314e-3*T))*kh;

% Reaktionsgeschwindigkeiten
r = zeros (size (P));
global R
CO=1; H2O=2; CO2=3; H2=4; CH4=5;
%CO
if P(1)>0
r(1)     =-(1/p)*(R*T)*(k1*k4*(k5^2)*P(4)*P(1)^0.5)/((1+k4*(P(1)^0.5)+k5*P(4)^0.5)^3);
%r(CO) in m^3/(g*s)
else
   P(1)=0;
   r(1)=0;
end
% CO2
r(3)= -(1/p)*(R*T)*k2*(P(3)^0.14)/((1+k4*(P(1)^0.5))^2);
%r(CO2) in m^3/(g*s)
% CH4
r(5) =(1/p)*(R*T)*(k1*k4*(k5^2)*P(4)*P(1)^0.5)/((1+k4*(P(1)^0.5)+k5*P(4)^0.5)^3)
```

```
    +(R*T)*k2*(P(2)^0.14)/((1+k4*(P(1)^0.5))^2);
%r(CH4) in m^3/(g*s)

% H2O

r(2)= -r(1)-r(3);
%r(H2O) in m^3/(g*s)

% H2

r(4)= 3*r(1)+4*r(3);
%r(H2) in m^3/(g*s)
```

```
function MET_adiabat


%Programmm zur Vorausberechnung der Konzentrationsverläufe von CO, CO2, H2,
H2O und CH4

%adiabater Reaktor

clear all;

close all;


global p T R y_i0 r ea1 ea2 ea3 hsc hsh k1o k2o k3o kc kh para d_Kanal_leer
A_Kanal_leer v_Phi_NTP Sm_Kat psi_leer tau_mod


%kinetische Parameter für die Reaktionen

%1: CO+3H2=CH4+H2O

%2: CO2+4H2=CH4+2H2O

%3: CO zu C2+ (Fischer-Tropsch, hier vernachlässigt)

%c: Adsorption von CO an der Katalysatoroberfläche

%h: Adsorption von H2 an der Katalysatoroberfläche
```

```
ea1=97.4;                                      %EA1 in KJ/mol
ea2=123.1;                                     %EA2 in KJ/mol
ea3=0;                                         %EA3 in KJ/mol
hsc=-63.5;                                     %Hs(C) in KJ/mol
hsh=-36.2;                                     %Hs(H) in KJ/mol
k1o=5.7e7;                                     %k1 in mol/(g*s)
k2o=1.3e8;                                     %k2 in mol/(g*s*bar^0.14)
k3o=0;                                         %k3 in mol/(g*s)
kc=5.5e-6;                                     %KC in bar^0.5
kh=1.6e-4;                                     %KH in bar^0.5

d_Kanal_leer=1e-3;                             %freier Kanaldurchmesser in m
A_Kanal_leer=pi*d_Kanal_leer^2/4;              %freier Kanalquerschnitt in m^2
v_Phi_NTP=0.5*A_Kanal_leer*273.15/473.15;      %Eingangs-Normvolumenstrom in
m^3/s
                                               %mit 0.5 m/s Strömungsge-
schwindigkeit bei 200°C
Sm_Kat=500;                                    %Schüttdichte Katalysator in
kg/m^3
psi_leer=1;                                    %Leeraumanteil der Vergleichs-
schüttung

%Dateneingabe

R=8.314;                                       %Gaskonstante in J/(mol*K)
T_i0=533.15;                                   %Eingangstemperatur in K
T_0=273.15;                                    %Normtemperatur in K
p=101325;                                      %p in Pa
%Eingangs-Volumenateile 1 CO, 2 H2O, 3 CO2, 4 H2, 5 CH4
%y_i0=[0.0177; 0.1989; 0.1483; 0.6303; 0.0048];   %Variante1a & 5a
%y_i0=[0.0137; 0.1949; 0.1523; 0.6343; 0.0048];   %Variante2a & 6a
%y_i0=[0.0097; 0.1909; 0.1563; 0.6383; 0.0048];   %Variante3a & 7a
%y_i0=[0.0057; 0.1869; 0.1603; 0.6423; 0.0048];   %Variante4a & 8a
```

```
y_i0=[0.0374; 0.2186; 0.1286; 0.6106; 0.0048];        %Variante9-25
z_i0=0;                                                 %Kanalänge am Eingang
parameter_i0=[T_i0; y_i0];                              %Startwerte am Kanaleingang

para=[ea1 ea2 ea3 hsc hsh k1o k2o k3o kc kh];           %Array der kinetischen Daten
tau=0:1:10000;                                          %modifizierte Verweilzeit in g
s/m^3
                                                        %(bezogen auf realen Volumenstrom)

options=odeset('RelTol',1e-9,'AbsTol',1e-9)             %Optionen für den
                                                        %Differentialgleichungslöser ode15s

%Lösung der DGL

format short e
[tau_mod,parameter_i]=ode15s(@PFR_Festbett,tau, parameter_i0,options,para);

%Speichern der Ergebniswerte

T=parameter_i(:,1);
z=tau_mod.*T*v_Phi_NTP/(psi_leer*A_Kanal_leer*Sm_Kat*T_0);          %Reaktor-
Längenkoordinate in mm
Ergebnis=[tau_mod, z, parameter_i];
save Ergebnis_MET_adiabat.txt -ascii Ergebnis

%Grafik

figure(1);
plotyy(tau_mod, parameter_i(:,2:6),tau_mod, parameter_i(:,1));       %Darstellung
der berechneten Werte
grid on
xlabel('\tau_{mod}[s*g/m^3]');
```

```
ylabel('y_{i}[-]');
title('T=200 °C');
hold on
hold off;
pause(0.01);

%Berechnung der Zellwerte

function zellwerte_i=PFR_Festbett(tau_mod,parameter_i,para)
global p R
T_i=parameter_i(1);
y_i=[parameter_i(2); parameter_i(3); parameter_i(4); parameter_i(5); parameter_i(6)];
dy_i=MET(y_i,p,T_i,para);                                    %dy/d(tau_mod) in
m^3/(g*s)

%Berechnung der molaren Wärmekapazität der Mischung
%Approximation durch Polynome nach Dr.- Ing. Michael Kleiber, Karlsruhe,
%und Dr. rer. nat. Ralph Joh, Frankfurt/Main
%VDI- Wärmeatlas, © Springer- Verlag Berlin Heidelberg 2006

cpm_CO=28.0101*1/1000*(1048.4-0.152*T_i+0.000477*T_i^2-0.00000019*T_i^3-
0.000000022*T_i^(-2));
cpm_H2O=18.01528*1/1000*(1833.1-0.035*T_i+0.000696*T_i^2-
0.000000215*T_i^3-0.000000026*T_i^(-2));
cpm_CO2=44.0095*1/1000*(617.3+0.95*T_i-
0.000388*T_i^2+0.00000005*T_i^3+0.000000189*T_i^(-2));
cpm_H2=2.01588*1/1000*(13973.4+1.256*T_i-0.000892*T_i^2+0.00000066*T_i^3-
0.000000229*T_i^(-2));
cpm_CH4=16.04246*1/1000*(1282.5+2.828*T_i+0.001308*T_i^2-
0.000000879*T_i^3-0.000000074*T_i^(-2));
cpm_M=parameter_i(2)*cpm_CO+parameter_i(3)*cpm_H2O+parameter_i(4)*cpm_C
O2+parameter_i(5)*cpm_H2+parameter_i(6)*cpm_CH4;
```

```
%Berechnung der Temperaturerhöhung in der aktuellen Zelle

dT_i=-dy_i(1)*(R*T_i/p)*206000/cpm_M-dy_i(3)*(R*T_i/p)*165000/cpm_M;

zellwerte_i=[dT_i; dy_i];



% Berechnung der Reaktionsgeschwindigkeiten
function r=MET(y_i,p,T_i,para);
P=y_i*p*1e-05;                                    %Partialdrücke in bar

 ea1=para(1);
 ea2=para(2);
 ea3=para(3);
 hsc=para(4);
 hsh=para(5);
 k1o=para(6);
 k2o=para(7);
 k3o=para(8);
 kc=para(9);
 kh=para(10);
 k1=exp(-ea1/(8.314e-3*T_i))*k1o;
 k2=exp(-ea2/(8.314e-3*T_i))*k2o;
 k3=exp(-ea3/(8.314e-3*T_i))*k3o;
 k4=exp(-hsc/(8.314e-3*T_i))*kc;
 k5=exp(-hsh/(8.314e-3*T_i))*kh;

r = zeros (size (P));
global R
CO=1; H2O=2; CO2=3; H2=4; CH4=5;
```

```
%CO
if P(1)>0
r(1) =-(1/p)*(R*T_i)*(k1*k4*(k5^2)*P(4)*P(1)^0.5)/((1+k4*(P(1)^0.5)+k5*P(4)^0.5)^3);
else                                                            %r(CO)        in
m^3/(g*s)
   P(1)=0;
   r(1)=0;
end
% CO2
r(3)= -(1/p)*(R*T_i)*k2*(P(3)^0.14)/((1+k4*(P(1)^0.5))^2);      %r(CO2) in
m^3/(g*s)
% CH4
r(5) =(1/p)*(R*T_i)*(k1*k4*(k5^2)*P(4)*P(1)^0.5)/((1+k4*(P(1)^0.5)+k5*P(4)^0.5)^3)
    +(R*T_i)*k2*(P(2)^0.14)/((1+k4*(P(1)^0.5))^2);              %r(CH4)       in
m^3/(g*s)
% H2O
r(2)= -r(1)-r(3);                                               %r(H2O)       in
m^3/(g*s)
% H2
r(4)= 3*r(1)+4*r(3);                                            %r(H2)        in
m^3/(g*s)
```

C.8 Abschätzung des inneren Stofftransports – Pulverschüttungen

Im Folgenden soll überprüft werden, ob die ermittelten kinetischen Parameter der *WGS*- bzw. der Methanisierungsreaktion durch den inneren Stofftransport beeinflusst sind. Dies kann mittels der dimensionslosen Weisz-Zahl (Wz) abgeschätzt werden. Bei einer Weisz-Zahl < 0,15 kann der Einfluss der Diffusion im Katalysator-Korn auf die beobachtete Kinetik vernachlässigt werden [104].

$$Wz = L_c^2 \cdot \frac{-r_{eff}}{D_{eff} \cdot c_i} < 0{,}15 \qquad \text{(Gl. 86)}$$

mit:

r_{eff} beobachtete Reaktionsgeschwindigkeit in $mol/(s \cdot m^3)$

D_{eff} effektiver Diffusionskoeffizient in m^2/s

$c_{i,s}$ beobachtete Konzentration mol/m^3

L_c charakteristische Länge in m

Die Größen in (Gl. 86) sind entweder aus Stoffdaten oder aus Messgrößen berechenbar.

Für die *WGS*-Reaktion wird der Ansatz nach Moe mit den kinetischen Parametern aus Tabelle 17 verwendet. Für die CO-Methanisierung wird die Reaktion von CO zu CH_4 mit (Gl. 83) berücksichtigt und die Werte aus Tabelle 18 für 1 bar verwendet.

Die charakteristische Länge L_c ist definiert als der Quotient aus Volumen des Katalysatorkorns V_{Kat} und seiner äußeren geometrischen Oberfläche A_{geo}. Für die Katalysator-Schüttung wurden kugelförmige Partikeln mit einem Durchmesser d_p von 400 bzw. 250 µm angenommen:

$$L_C = \frac{V_{Kat}}{A_{geo}} = \frac{\pi/6 \cdot d_p^{\,3}}{\pi \cdot d_p^{\,2}} = \frac{d_P}{6} \qquad \text{(Gl. 87)}$$

Bestimmung des effektiven Diffusionskoeffizienten

Der effektive Diffusionskoeffizient lässt sich mit Hilfe des Porendiffusionskoeffizienten und der Porosität des Katalysatorkorns abschätzen.

$$D_{eff} = D_{Pore} \cdot \frac{\varepsilon_K^{1,5}}{\tau} \qquad \text{(Gl. 88)}$$

Die Tortuosität τ ist ein dimensionsloses Maß für die Abweichung der realen Poren von einer geraden, zylindrischen. Üblicherweise wird ein Wert zwischen 3 und 4 angenommen.

Die Porostität des Katalysatorkorns ε_K liegt bei gebräuchlichen Katalysatoren um den Wert 0,5.

Der Porendiffusionskoeffizient D_{Pore} setzt sich nach Bosaquet aus dem binären und dem Knudsendiffusionskoeffizienten zusammen:

$$D_{Pore} = \left(\frac{1}{D_{12}} + \frac{1}{D_{Knudsen}} \right)^{-1} \qquad \text{(Gl. 89)}$$

Der binäre Diffusionskoeffizient wird für CO und H_2 mit (Gl. 82) berechnet.

Bei kleinen Gasdrücken oder kleinen Porenradien stoßen die diffundierenden Moleküle weitaus häufiger gegen die Porenwand, als dass sie mit anderen Molekülen zusammentreffen. Diese Hemmung der Diffusion wird durch den Knudsen-Diffusionskoeffizienten berücksichtigt.

$$D_{Knudsen} = 97 \cdot r_{Pore} \sqrt{\frac{T}{M_i}} \qquad \text{(Gl. 90)}$$

Der Porenradius von Katalysatoren liegt zwischen 2 und 50 nm [105]. Der Porenradius für den Methanisierungs-Katalysator wurde mit der Quecksilberporosität in der Arbeit von A. Schulz [52] bestimmt und mit 6 nm angegeben.

In Tabelle 33 und Tabelle 34 ist der Gang der Rechnung für die bei den Versuchsbedingungen vorliegenden Extremfälle aufgeführt.

Tabelle 33: Abschätzung der Weisz-Zahl für die *WGS*-Reaktion

		Min.	Max.
Druck	p in bar	1	1
Temperatur	T in °C	193	236
Partikeldurchmesser	d_P in m	$4{,}00 \cdot 10^{-4}$	$4{,}00 \cdot 10^{-4}$
Porenradius	r_{pore} in m	$50 \cdot 10^{-9}$	$2 \cdot 10^{-9}$
Char. Länge	L_c in m	$6{,}67 \cdot 10^{-5}$	$6{,}67 \cdot 10^{-5}$
Tortuosität	τ	4	4
Kornporosität	ε_K	0,5	0,5
Diffusionsvolumen H_2	ν_{H2}	7,07	7,07
Diffusionsvolumen CO	ν_{CO}	18,9	18,9
Molare Masse H_2	M_{H2} in g/mol	2	2
Molare Masse CO	M_{CO} in g/mol	28	28
Binärer Diffusionskoeffizient	$D_{i,j}$ in m^2/s	$1{,}68 \cdot 10^{-4}$	$1{,}96 \cdot 10^{-4}$
Knudsen-Diffusionskoeffizient	D_{Kn} in m^2/s	$1{,}9810^{-6}$	$8{,}27 \cdot 10^{-8}$
Poren-Diffusionskoeffizient	D_P in m^2/s	$1{,}96 \cdot 10^{-6}$	$8{,}27 \cdot 10^{-8}$
Effektiver Diffusionskoeffizient	D_{eff} in m^2/s	$2{,}44 \cdot 10^{-7}$	$1{,}03 \cdot 10^{-8}$
Weisz-Zahl	**Wz**	**2796**	**216582**

Die Weisz-Zahl liegt im gesamten Bereich der Messungen weit über dem Grenzwert 0,15. Der Einfluss des inneren Stofftransports bei der Bestimmung der kinetischen Parameter für die *WGS*-Reaktion ist wesentlich.

Tabelle 34: Abschätzung der Weisz-Zahl für die selektive CO-Methanisierung

		Min.	Max.
Druck	p in bar	1	1
Temperatur	T in °C	180	243
Partikeldurchmesser	d_P in m	$2{,}50 \cdot 10^{-4}$	$2{,}50 \cdot 10^{-4}$
Porenradius	r_{pore} in m	$6 \cdot 10^{-9}$	$6 \cdot 10^{-9}$
Char. Länge	L_c in m	$4{,}17 \cdot 10^{-5}$	$4{,}17 \cdot 10^{-5}$
Tortuosität	τ	4	4
Kornporosität	ε_K	0,5	0,5
Diffusionsvolumen H_2	v_{H2}	7,07	7,07
Diffusionsvolumen CO	v_{CO}	18,9	18,9
Molare Masse H_2	M_{H2} in g/mol	2	2
Molare Masse CO	M_{CO} in g/mol	28	28
Binärer Diffusionskoeffizient	$D_{i,j}$ in m^2/s	$3{,}01 \cdot 10^{-4}$	$2{,}01 \cdot 10^{-4}$
Knudsen-Diffusionskoeffizient	D_{Kn} in m^2/s	$3{,}59 \cdot 10^{-6}$	$3{,}83 \cdot 10^{-6}$
Poren-Diffusionskoeffizient	D_P in m^2/s	$3{,}54 \cdot 10^{-6}$	$3{,}75 \cdot 10^{-6}$
Effektiver Diffusionskoeffizient	D_{eff} in m^2/s	$6{,}08 \cdot 10^{-7}$	$4{,}69 \cdot 10^{-7}$
Weisz-Zahl	**Wz**	**0,00013**	**0,00019**

Die Weisz-Zahl liegt im gesamten Bereich der Messungen unter 0,15. Daher kann der Einfluss des inneren Stofftransports bei der Bestimmung der kinetischen Parameter für die selektive CO-Methanisierungsreaktion ausgeschlossen werden.

C.9 Abschätzung des inneren Stofftransports – Kanal

Wie in Anhang C.8 gezeigt wurde, sind zur Bestimmung der kinetischen Parameter der *WGS*-Reaktion (Kapitel 5.9.1) zugrunde gelegten Messungen durch den inneren Stofftransport beeinflusst. Die der Methanisierungreaktion (Kapitel 5.9.2) zeigten diesen Einfluss nicht.

Um die beiden Kinetiken (*WGS* und Methanisierung) in erster Näherung für die in Kapitel 8 behandelten Kopplung der *WGS*- und der Methanisierungsstufe verwenden zu können, wurde angenommen, dass die *WGS*-Reaktion an $Cu/Zn/Al_2O_3$, in Wabenreaktoren mit katalyischer

Beschichtung ebenfalls durch den inneren Stofftransport bestimmt ist, die der Methanisierungreaktion nicht.

Für die Abschätzung wurde, wie in Anhang C.8 beschreiben, vorgangen. Für einen beschichten Kanal kann die Katalysatorschicht als ebene Platte betrachtet werden. Es ergibt sich für die charakteristische Länge L_C:

$$L_C = \frac{V_{Kat}}{A_{geo}} = \frac{h \cdot l \cdot U}{l \cdot U} = h \qquad \text{(Gl. 91)}$$

mit:

U Umfang des Kanals

h Schichtdicke der katalytischen Beschichtung

l Länge des Kanals

Für die Schichtdicke h der katalytischen Beschichtung wird 50 µm (siehe Kapitel 8) angenommen. Es werden die Parameter: Tortuosität τ, Kornporosität ε_K und die Porenradien r_{Pore} aus Anhang C.8 verwendet.

Für die *WGS*-Reaktion wird der Ansatz nach Moe mit den kinetischen Parametern aus Tabelle 17 verwendet. Für die CO-Methanisierung wird die Reaktion von CO zu CH_4 mit (Gl. 83) berücksichtigt und die Werten aus Tabelle 18 für 1 bar verwendet.

In Tabelle 35 und Tabelle 36 ist der Gang der Rechnung für die bei den Modellrechnungen aus Kapitel 8 vorliegenden Extremfälle aufgeführt.

Tabelle 35: Abschätzung der Weisz-Zahl für die *WGS*-Reaktion

		Min.	Max.
Druck	p in bar	1	1
Temperatur	T in °C	200	270
Porenradius	r_{pore} in m	$50\cdot10^{-9}$	$2\cdot10^{-9}$
Char. Länge	L_c in m	$5\cdot10^{-5}$	$5\cdot10^{-5}$
Tortuosität	τ	4	4
Kornporosität	ε_K	0,5	0,5
Diffusionsvolumen H_2	ν_{H2}	7,07	7,07
Diffusionsvolumen CO	ν_{CO}	18,9	18,9
Molare Masse H_2	M_{H2} in g/mol	2	2
Molare Masse CO	M_{CO} in g/mol	28	28
Binärer Diffusionskoeffizient	$D_{i,j}$ in m^2/s	$1{,}72\cdot10^{-4}$	$2{,}19\cdot10^{-4}$
Knudsen-Diffusionskoeffizient	D_{Kn} in m^2/s	$1{,}99\cdot10^{-6}$	$8{,}54\cdot10^{-8}$
Poren-Diffusionskoeffizient	D_P in m^2/s	$1{,}97\cdot10^{-6}$	$8{,}54\cdot10^{-8}$
Effektiver Diffusionskoeffizient	D_{eff} in m^2/s	$2{,}46\cdot10^{-7}$	$1{,}07\cdot10^{-7}$
Weisz-Zahl	**Wz**	**655**	**119265**

Die Weisz-Zahl liegt im gesamten Bereich der in Kapitel 8 gezeigten Modellrechnungen weit über dem Grenzwert 0,15. Der Einfluss des inneren Stofftransports für die *WGS*-Reaktion ist wesentlich.

Tabelle 36: Abschätzung der Weisz-Zahl für die selektive CO-Methanisierung

		Min.	Max.
Druck	p in bar	1	1
Temperatur	T in °C	200	270
Porenradius	r_{pore} in m	$6 \cdot 10^{-9}$	$6 \cdot 10^{-9}$
Char. Länge	L_c in m	$5 \cdot 10^{-5}$	$5 \cdot 10^{-5}$
Tortuosität	τ	4	4
Kornporosität	ε_K	0,5	0,5
Diffusionsvolumen H_2	ν_{H2}	7,07	7,07
Diffusionsvolumen CO	ν_{CO}	18,9	18,9
Molare Masse H_2	M_{H2} in g/mol	2	2
Molare Masse CO	M_{CO} in g/mol	28	28
Binärer Diffusionskoeffizient	$D_{i,j}$ in m^2/s	$1{,}72 \cdot 10^{-4}$	$2{,}19 \cdot 10^{-4}$
Knudsen-Diffusionskoeffizient	D_{Kn} in m^2/s	$3{,}66 \cdot 10^{-6}$	$3{,}93 \cdot 10^{-6}$
Poren-Diffusionskoeffizient	D_P in m^2/s	$3{,}59 \cdot 10^{-6}$	$3{,}86 \cdot 10^{-6}$
Effektiver Diffusionskoeffizient	D_{eff} in m^2/s	$6{,}15 \cdot 10^{-7}$	$4{,}82 \cdot 10^{-7}$
Weisz-Zahl	**Wz**	**0,00042**	**0,00062**

Die Weisz-Zahl liegt im gesamten Bereich der in Kapitel 8 gezeigten Modellrechnungen weit unter dem Grenzwert 0,15. Daher kann der Einfluss des inneren Stofftransports bei den Modellrechnungen in Kapitel 8 für die selektive CO-Methanisierungsreaktion ausgeschlossen werden.

D Ergänzungen zur CFD-Modellierung

D.1 Geometrie

In Abbildung 59 ist der Einfluss der Bildauflösung auf den Leerraumanteil dargestellt. Der Quotient aus der Wabenwandstärke und der Kantenlänge eines quadratischen Pixels L_{Wand}/L_{Pixel} ist hierbei ein Maß für die Bildauflösung. Bei einer hohen Bildauflösung (4) sind die Kanäle klar voneinander getrennt und deutlich zu erkennen. Bei einer Bildauflösung gegen einen Wert von 1 (Bild (3), werden die Ränder pixelig. Der Einfluss auf den Leerraumanteil ist gering. Ist die Bildauflösung < 1 hat dies einen starken Einfluss auf den Leeraumanteil (Bild (1) und (2)). Es kommt zum Zusammenschmelzen der Kanäle die hierdurch ihre Identität verlieren. Die Auflösung 3 stellt einen guten Kompromiss zwischen einer guten Abbildung und einer vertretbaren Rechenzeit dar. Diese wurde zur Erstellung des Modells „detaillierte Geometrie“ verwendet.

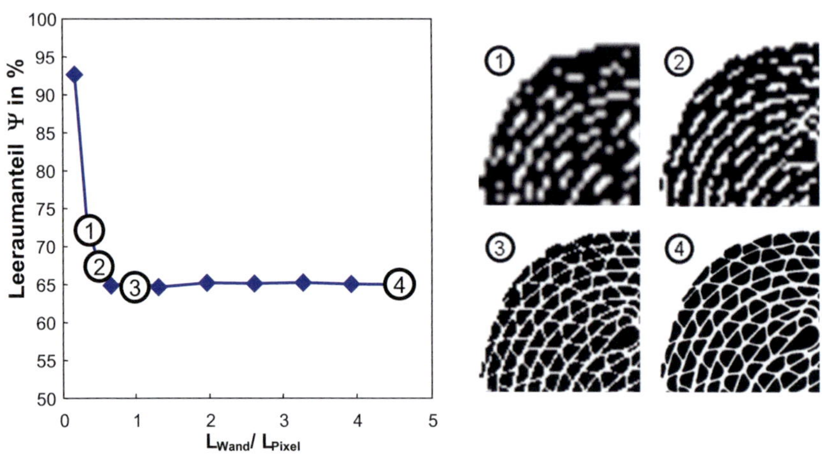

Abbildung 59: Einfluss der Bildauflösung auf den Leerraumanteil

D.2 Abschätzung der radialen Wärmeleitfähigkeit der Kanalwand des Wabenträgers

Aus der Auswertung des Photos der Stirnseite der mit Al_2O_3 beschichteten Wabe (Abbildung 42) ergibt sich eine mittlere Wandstärke L_{Wand} der Wabe von 200 µm. Die Wandstärke setzt sich aus der Dicke der metallischen Folie (50 µm) (Werkstoff: DIN 1.4767) und zweimal der Dicke der Al_2O_3-Schicht zusammen. Es ergibt sich somit eine mittlere Al_2O_3-Schichtdicke von 75 µm.

Für die Berechnung der Wärmeleitfähigkeit der kompletten Kanalwand λ_{Wand} wird von einer ebenen Wand ausgegangen. Die Wärmeleitfähigkeit berechnet sich nach:

$$\lambda_{Wand} = \frac{L_{Wand}}{\left(\frac{2 \cdot L_{Al_2O_3}}{\lambda_{Al_2O_3}} + \frac{L_{Folie}}{\lambda_{Folie}} \right)} \qquad \text{(Gl. 92)}$$

Die Wärmeleitfähigkeit der auf die metallische Wabenstruktur aufgebrachten Aluminiumschicht λ_{Al2O3} liegt im betrachteten Temperaturbereich zwischen 25 und 30 W/(m K), die der Edelstahlfolie λ_{Folie} zwischen 12,4 und 13,9 W/(m K) [106]. Mit Gleichung (Gl. 92) berechnet sich die Wärmeleitfähigkeit der kompletten Wand zu 20 W/(m K).

E Abhängigkeit des Widerstandsbeiwerts von der relativen Wandrauigkeit

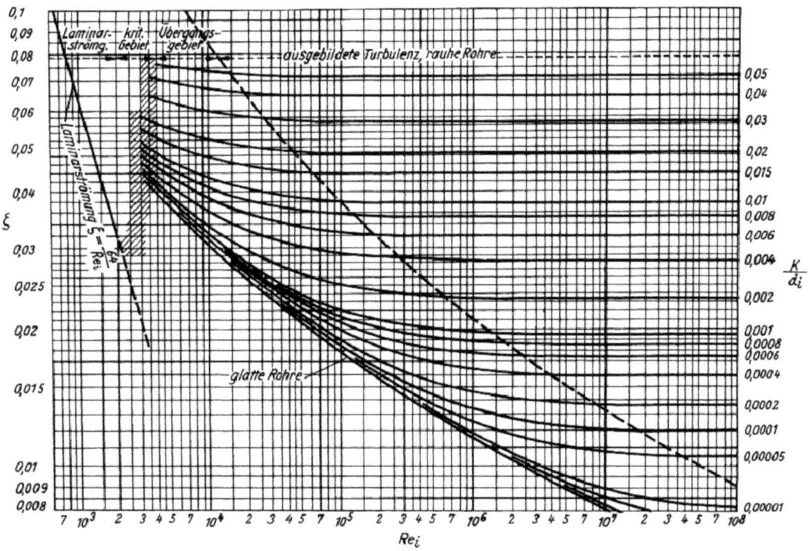

Abbildung 60: Widerstandsbeiwert ζ von rauen Rohren in Abhängigkeit vom Rauigkeitsmaß K/d_i und von der Reynolds-Zahl *Re [88]*

Die relative Rauigkeit ist $\varepsilon = \frac{K}{d_i}$, mit K der mittleren Höhe aller Erhebungen und d_i dem Rohrinnendurchmesser.